核应急剂量学

Dosimetry of Nuclear and Radiological Emergency Response

刘玉龙　吕玉民　主编

苏州大学出版社
Soochow University Press

内容简介

《核应急剂量学》作为"核应急医学系列丛书"的一部分,专注于人员受到照射后如何能够快速、准确、高通量地估算出受照剂量。本书深入浅出地阐述了核应急剂量学的基础理论、基本概念以及实践应用,除此之外还包括临床剂量评估、物理剂量估算、生物剂量估算、电子顺磁共振剂量估算等相关技术,旨在构建系统化、科学化的核应急剂量学科体系。

本书最大的特色是将理论知识与实际剂量估算案例相结合,这不仅有助于提升核与辐射事故中人员受照剂量估算的准确性和标准化水平,更可为核应急医学救援救治领域的专业技术人员以及管理人员提供宝贵的业务指导和参考资料。读者有望从中获得必要的知识和观点,以便更专业、高效地应对核与辐射事故。

图书在版编目(CIP)数据

核应急剂量学 / 刘玉龙,吕玉民主编. -- 苏州:苏州大学出版社, 2024.11. -- (核应急医学系列丛书 / 刘玉龙主编). -- ISBN 978-7-5672-4962-2

Ⅰ. TL7;X-652

中国国家版本馆 CIP 数据核字第 20248UJ597 号

书　　名:	核应急剂量学
	He YingJi JiLiang Xue
主　　编:	刘玉龙　吕玉民
责任编辑:	赵晓嬿
出版发行:	苏州大学出版社(Soochow University Press)
社　　址:	苏州市十梓街1号　邮编:215006
印　　刷:	广东虎彩云印刷有限公司
邮购热线:	0512-67480030
销售热线:	0512-67481020
开　　本:	700 mm×1 000 mm　1/16　印张:18.25　字数:253千
版　　次:	2024年11月第1版
印　　次:	2024年11月第1次印刷
书　　号:	ISBN 978-7-5672-4962-2
定　　价:	68.00元

图书若有印装错误,本社负责调换
苏州大学出版社营销部　电话:0512-67481020
苏州大学出版社网址　http://www.sudapress.com
苏州大学出版社邮箱　sdcbs@suda.edu.cn

编委会

主　编

刘玉龙　吕玉民

副主编

孙　亮　吴　迪

编　委

（按姓氏拼音排序）

冯骏超　核工业总医院（苏州大学附属第二医院）
高　韩　苏州大学
高　宇　河南省第三人民医院（河南省职业病医院）
郭　伟　河南省第三人民医院（河南省职业病医院）
韩　林　河南省第三人民医院（河南省职业病医院）
焦　玲　中国医学科学院放射医学研究所
刘　畅　核工业总医院（苏州大学附属第二医院）
刘玉连　中国医学科学院放射医学研究所
刘玉龙　核工业总医院（苏州大学附属第二医院）
吕玉民　河南省第三人民医院（河南省职业病医院）
马　楠　苏州市疾病预防控制中心
孙　亮　苏州大学
吴　迪　河南省第三人民医院（河南省职业病医院）
张冰洁　新乡市职业病防治研究所
赵风玲　河南省第三人民医院（河南省职业病医院）

秘　书

冯骏超　刘　畅　高　宇

前　　言

核安全是核事业稳定发展的基石，而核应急则是确保这一基石稳固的关键保障措施。随着核事业的发展和核技术的广泛应用，加之国际社会对核爆炸和核恐怖主义威胁的担忧，核应急工作的重要性愈发突出。

本书所提及的"核应急"，是指更广泛的"核与辐射应急"范畴。在此，"核"涉及由核链式反应或其衰变产物释放的能量，以及可能导致辐射危害的情形。"应急"则是指在非正常情况下，迅速采取行动以减轻对人类健康、安全、生活质量、财产或环境造成的影响。

核应急涉及在核事故发生时采取的非常规措施，旨在控制、缓解并减轻事故的后果。它要求相关人员根据现场情况迅速、准确地作出防护和救援决策。核事故现场的公众、应急响应人员以及参与急救的医护人员都可能面临辐射风险。因此，及时、有效地进行剂量估算是确保受照者得到及时救治的关键，是评估防护措施有效性、指导应急响应人员后续行动的重要依据，同时也是对远期辐射损伤效应进行评估并为辐射损伤人员提供针对性医疗救治的基础。

核应急剂量学是一门交叉学科，专注于人员受到照射后如何能够快速、准确、高通量地估算出受照剂量。本书试图通过全面、综合的剂量评估方法来系统地构建核应急剂量学的学科框架，内容涵盖了从临床剂量评估、物理剂量估算、生物剂量估算到电子顺磁共振剂量估算等方面，且涉及的几种估算方法需要互相佐证，旨在为应急响应人员等相关人员提供准确可靠的剂量评估的手段。核应急情况下的剂量估算还可以与受照后很长时间之后的剂量重建相互印证，所以，核应急剂量学是一门不断发展的学科。本书由国内多位知名专家和多家辐射剂量学实验室合作完成。本书通过将理论知识和部分辐射事故剂量估算的实践相结合，使得应急响应人员等相关人员的辐射剂量估算更加科学和规范，从而在发生核事故时有效保障公众和环境的安全。

本书受以下基金项目资助：国家自然科学基金联合基金（核技术创新联合基金）项目（U2267220），中国宝原科研基金项目（270001），中核医疗"核医科技创新"项目（ZHYLZD2021001），苏州市临床重点病种诊疗技术专项项目（LCZX202105），省部共建放射医学与辐射防护国家重点实验室内部协作课题（GZN1202201），苏州大学附属第二医院学科建设托举工程核技术医学应用创新团队项目（XKTJ-HTD2021001）。

由于编者能力有限，且编写时间紧迫，书中可能存在不足或不当之处，我们诚挚地邀请读者提出宝贵意见和建议。

本书编委会
2024 年 10 月

目录
Contents

第1章 核应急剂量学概述 /1

1.1 核应急相关概念 /1
    1.1.1 核事故 /1
    1.1.2 临界事故 /1
    1.1.3 辐射事故 /1
    1.1.4 核事故应急 /2
    1.1.5 核事故医学应急 /2
    1.1.6 核应急剂量 /2

1.2 核事故中常用的剂量学指标 /2
    1.2.1 吸收剂量 /2
    1.2.2 当量剂量与有效剂量 /3
    1.2.3 品质因子和剂量当量 /5
    1.2.4 周围剂量当量 /6
    1.2.5 个人剂量当量 /7
    1.2.6 集体剂量 /7

1.3 核应急剂量学相关技术 /8
    1.3.1 生物剂量计 /9
    1.3.2 物理剂量学方法 /12
1.4 核应急时医学救援中剂量估算的趋势 /14
    1.4.1 做好相关新技术的研发 /14
    1.4.2 建立完善的核应急医学救援数据库 /14
    1.4.3 加强国际、国内交流与合作 /15

第2章 临床剂量评估 /16

2.1 概述 /16
2.2 症状体征指标评估 /18
    2.2.1 轻度骨髓型急性放射病 /21
    2.2.2 中、重度骨髓型急性放射病 /21
    2.2.3 极重度骨髓型急性放射病 /23
    2.2.4 外照射肠型急性放射病 /23
    2.2.5 外照射脑型急性放射病 /23
2.3 血细胞指标评估 /24
    2.3.1 轻度骨髓型急性放射病 /26
    2.3.2 中、重度骨髓型急性放射病 /26
    2.3.3 极重度骨髓型急性放射病 /27
    2.3.4 外照射肠型急性放射病 /28
    2.3.5 外照射脑型急性放射病 /28
    2.3.6 结合初期症状和外周血淋巴细胞绝对值临床指标评估骨髓型急性放射病的受照剂量 /28
2.4 内照射放射病剂量的评估 /31
2.5 皮肤黏膜改变评估局部受照剂量 /32

2.5.1 急性放射性皮肤损伤Ⅰ度 /34
2.5.2 急性放射性皮肤损伤Ⅱ度 /34
2.5.3 急性放射性皮肤损伤Ⅲ度 /34
2.5.4 急性放射性皮肤损伤Ⅳ度 /35
2.5.5 放射性核素体表污染 /36

2.6 其他临床评估指标 /36
2.6.1 免疫功能的变化 /37
2.6.2 生殖功能的变化 /38
2.6.3 甲状腺功能的变化 /39

2.7 核应急状态下的临床评估策略及进展 /39

第3章 物理剂量估算 /41

3.1 概述 /41
3.2 外照射剂量估算 /42
3.2.1 外照射物理剂量监测 /44
3.2.2 X、γ外照射注量计算 /50
3.2.3 X、γ外照射比释动能（率）计算 /51
3.2.4 X、γ外照射器官剂量估算方法 /55
3.2.5 中子外照射器官剂量估算方法 /59
3.2.6 电子外照射器官剂量估算方法 /61
3.2.7 核事故不同阶段的物理剂量估算 /62
3.2.8 物理剂量估算的模型和参数 /70
3.2.9 蒙特卡罗方法 /75

3.3 内照射剂量估算 /79
3.3.1 摄入途径和模型 /80
3.3.2 摄入量和内照射剂量的估算 /84

    3.3.3　核事故中摄入被污染食物和饮水引起的内照射剂量 /89
    3.3.4　核事故中吸入烟羽引起的内照射剂量 /92
    3.3.5　核事故中吸入再悬浮核素引起的内照射剂量 /93
    3.3.6　剂量评价中的不确定度 /94
  3.4　体表沾染剂量估算 /96
    3.4.1　沾染核素的测量 /97
    3.4.2　放射性粉尘在皮肤上的沉积和滞留估算 /98
    3.4.3　体表皮肤污染剂量估算 /99
    3.4.4　放射性核素污染衣物对皮肤的剂量估算 /106
  3.5　核应急状态下的物理剂量估算策略及进展 /108
    3.5.1　物理剂量估算策略 /108
    3.5.2　物理剂量估算研究进展 /111

第4章　生物剂量估算 /115

4.1　概述 /115
4.2　染色体畸变分析法 /117
  4.2.1　人类染色体 /117
  4.2.2　染色体畸变 /126
  4.2.3　染色体畸变分析用于生物剂量估算的方法学 /137
  4.2.4　染色体畸变分析在生物剂量估算中的应用概况 /152
4.3　胞质分裂阻断微核（CBMN）分析法 /178
  4.3.1　微核及其形成机制 /178
  4.3.2　CBMN 分析用于生物剂量估算的方法学 /180
  4.3.3　CBMN 分析在生物剂量估算中的应用概况 /183
4.4　早熟染色体凝集环（PCC-R）分析法 /188
  4.4.1　早熟染色体凝集环 /188

4.4.2　PCC-R 分析用于生物剂量估算的方法学 /189
4.4.3　PCC-R 分析在生物剂量估算中的应用概况 /192
4.5　其他生物剂量估算方法 /198
4.5.1　核质桥估算剂量方法 /198
4.5.2　单细胞凝胶电泳 /199
4.5.3　γ-H2AX 焦点分析 /200
4.6　核应急状态下生物剂量估算策略及进展 /201
4.6.1　大规模核与辐射事故的情景 /201
4.6.2　潜在的辐射暴露事件 /202
4.6.3　历史经验 /203
4.6.4　生物剂量计的作用 /205
4.6.5　大规模核与辐射事故的应对策略 /207
4.6.6　细胞遗传指标生物剂量估算的研究进展 /210

第 5 章　电子顺磁共振剂量估算 /213

5.1　概述 /213
5.2　EPR 剂量估算的理论 /214
5.2.1　EPR 的基本原理 /214
5.2.2　EPR 波谱仪介绍 /219
5.2.3　EPR 波谱仪操作参数及注意事项 /222
5.3　辐射信号定量及剂量估算方法 /226
5.3.1　数学模拟法 /226
5.3.2　谱减法 /227
5.3.3　选择性饱和法 /227
5.3.4　剂量估算方法 /227
5.4　EPR 剂量估算方法的应用研究 /228

5.4.1　钙化组织 /228
　　5.4.2　富含角蛋白的组织 /230
　　5.4.3　糖 /231
　　5.4.4　玻璃 /232
　　5.4.5　塑料 /233
　　5.4.6　衣物 /234
5.5　EPR 剂量估算策略及研究进展 /235

第 6 章　核应急剂量学实践 /237

6.1　概述 /237
6.2　辐射事故剂量估算实例一 /238
　　6.2.1　生物剂量估算 /238
　　6.2.2　物理剂量估算 /245
6.3　辐射事故剂量估算实例二 /251
　　6.3.1　染色体畸变分析估算剂量 /251
　　6.3.2　CBMN 分析估算剂量 /252
　　6.3.3　PCC-R 分析估算剂量 /253
6.4　EPR 剂量估算实例 /254
　　6.4.1　事故简介 /254
　　6.4.2　样品制备 /254
　　6.4.3　EPR 测量 /255
6.5　其他个案 /256

参考文献 /259

附录 /266

附录 A /266
附录 B /267
附录 C /268
附录 D /269
附录 E /270
附录 F /271
附录 G /272
附录 H /273
附录 I /274
附录 J /275

第1章　核应急剂量学概述

1.1　核应急相关概念

1.1.1　核事故

核事故（nuclear accident）是指核电厂或其他核设施中发生的严重偏离运行工况的状态。在这种状态下，放射性物质的释放可能或已经失去应有的控制，达到不可接受的水平。

1.1.2　临界事故

临界事故（critical accident）是指意外发生的自持或发散的中子链式反应所造成的能量和放射性释放事件。

1.1.3　辐射事故

辐射事故（radiation accident）又称放射事故（radiological accident），是指因放射源丢失、被盗、失控，或因放射性同位素和射线装置的设备故障、操作失误导致人员受到异常照射的意外事件。

1.1.4 核事故应急

核事故应急（emergency of nuclear accident）是指为了控制、缓解或减轻核事故后果而采取的不同于正常秩序和正常工作程序的紧急行动。

1.1.5 核事故医学应急

核事故医学应急（medical emergency of nuclear accident）是指为了有效地处理核事故对人员造成的伤害后果，减轻放射性核素对人员造成的内、外照射，控制和减少放射性污染扩散对人员的伤害，而采取的不同于正常秩序和正常工作程序的紧急医学措施和行动。

1.1.6 核应急剂量

核应急剂量是指通过综合而全面的剂量评估方法，包括临床判断、剂量测量、生物剂量计、物理模拟以及放射化学分析等，给出受照剂量范围，评估受照人员的受照剂量。

1.2 核事故中常用的剂量学指标

1.2.1 吸收剂量

吸收剂量（absorbed dose）是指一段时间内，电离辐射向单位质量物质授予的能量，其国际单位制（SI）单位为 J/kg，专用单位为戈瑞（Gy）。

吸收剂量 D 定义为：

$$D = \frac{d\bar{\varepsilon}}{dm} \tag{1.2.1}$$

吸收剂量的具体含义为受照物质特定体积内单位质量物质吸收的辐射能量，与受照物质的形状、大小以及关注的位置相关。其中，$d\bar{\varepsilon}(T, r)$ 是 T 时间内，电离辐射授予 r 点处质量为 dm 的物质的平均辐射能量，对于同一种粒子与同一组织相互作用，吸收剂量越大，其中的辐射效应也越大。

1.2.2 当量剂量与有效剂量

器官、组织 T 的当量剂量（equivalent dose）H_T，是以各自辐射权重因数（radiation weighting factor）w_R 修正后，相关辐射对特定器官、组织 T 的剂量总和，亦即：

$$H_T = \sum_R w_R \cdot D_{T,R} \quad (1.2.2)$$

其中，$D_{T,R}$ 是器官、组织 T 或其特定靶区范围内由辐射 R 产生的平均吸收剂量，w_R 是入射到人体或滞留于人体的放射性核素发出的辐射 R 相应的辐射权重因数（表 1.2.1）。w_R 是依据辐射 R 的生物学效能，对器官、组织 T 的平均吸收剂量 $D_{T,R}$ 施加修正的一个因子。

当量剂量 H_T 的实质就是与特定辐射对器官、组织 T 造成的辐射效应程度相仿的低传能线密度（linear energy transfer，LET）辐射需要的吸收剂量。在放射防护评价中，当量剂量 H_T 的意义在于：对于特定器官 T，无论对它造成影响的是何种辐射，只要当量剂量 H_T 值相同，该器官蒙受的随机性效应影响的程度大致相仿。

表 1.2.1 辐射权重因数 w_R

ICRP* 1991（供比较）			ICRP 2007	
辐射类型和能量范围		w_R	辐射类型	w_R
光子	所有能量	1	光子	1
电子、μ子	所有能量	1	电子、μ子	1

续表

ICRP 1991（供比较）			ICRP 2007	
中子	<10 keV	5	质子、带电的 π 介子	2
	10~100 keV	10	α 粒子、裂变碎片、重离子	20
	100 keV~2 MeV	20	中子	$w_R = \begin{cases} 2.5+18.2\times\exp\{-[\ln(E_n)]^2/6\}, \\ E_n < 1 \text{ MeV} \\ 5.0+17.0\times\exp\{-[\ln(2E_n)]^2/6\}, \\ 1 \text{ MeV} \leqslant E_n \leqslant 50 \text{ MeV} \\ 2.5+3.25\times\exp\{-[\ln(0.04E_n)]^2/6\}, \\ E_n > 50 \text{ MeV} \end{cases}$
	2~20 MeV	10		
	>20 MeV	5		
质子（除反冲质子）	>2 MeV	5		
α 粒子、裂变碎片、重核		20		

注：*ICRP 为国际放射防护委员会（International Commission on Radiological Protection）。

实际上，受照人体各个器官、组织的当量剂量不一定相同，即使器官、组织的当量剂量相同，但由于不同器官或组织的随机性效应的敏感性有差异，相同当量剂量给人体带来的随机性健康危害的程度也可能不同。因此，为综合反映受照的各个器官或组织给人体带来的随机性健康危害的总和，提出了有效剂量（effective dose）E。

有效剂量 E 是以各自组织权重因数（tissue weighting factor）w_T 计权修正后，人体相关器官、组织当量剂量的总和，亦即

$$E = \sum_T w_T \cdot H_T = \sum_T w_T \cdot \sum_R w_R \cdot D_{T,R} \tag{1.2.3}$$

其中，w_T 是与器官、组织 T 相应的组织权重因数，它是依器官、组织的随机性效应的辐射敏感性对器官、组织的当量剂量施加修正的一个因数。表 1.2.2 是 ICRP 2007 给出的组织权重因数值。有效剂量 E 的单位同当量剂量，专用单位为希沃特（Sv，简称希）。

表 1.2.2 组织权重因数 w_T（ICRP 2007）

组织或器官	组织权重因数 w_T	合计
骨髓（红）、结肠、肺、胃、乳腺、其余组织	0.12	0.72
性腺	0.08	0.08
膀胱、食道、肝、甲状腺	0.04	0.16
骨表面、脑、唾液腺、皮肤	0.01	0.04
总计		1.00

有效剂量 E 指的是与全身不均匀照射所致随机性健康危害程度相仿的全身均匀照射的当量剂量。在放射防护评价中，有效剂量 E 的意义在于：在放射防护关注的低剂量率、小剂量范围内，无论哪种照射情况（外照射、内照射、全身照射或局部照射），只要有效剂量值相等，人体蒙受的随机性健康危害程度就大致相仿。

当量剂量与有效剂量均为放射防护量，一般不用于核事故现场监测，仅作为评估人体损伤的指标。

1.2.3 品质因子和剂量当量

辐射的品质因子 Q 的定义为：依据授予物质能量的带电粒子的生物学效能，对特定位置上软组织的吸收剂量施加修正的一个权重。

按 ICRP 1990 建议，品质因子 Q 与带电粒子在水中的传能线密度 $L(\text{keV}/\mu\text{m})$ 有下列数值依赖关系：

$$Q(L) = \begin{cases} 1, & \text{当 } L \leqslant 10 \\ 0.32L-2.2, & \text{当 } 10<L<100 \\ 300L^{-0.5}, & \text{当 } L \geqslant 100 \end{cases} \quad (1.2.4)$$

组织器官中点 r 处的剂量当量 $H(r)$ 是指同一点处软组织吸收剂量 $D(r)$ 与该点处辐射品质因子 $Q(r)$ 的乘积：

$$H(r) = Q(r) \cdot D(r) \quad (1.2.5)$$

具体来讲，剂量当量 $H(r)$ 是经某一点处辐射品质因子 $Q(r)$ 计权修正后，该点处受照软组织的吸收剂量。剂量当量的 SI 单位是 J/kg，专用单位和当量剂量一样为 Sv。

1.2.4　周围剂量当量

周围剂量当量 $H^*(d)$ 是对辐射场内所关注的一个点 r 定义的。若设备的方向响应是各向同性的，则在辐射场 r 点处仪器的读数将反映与 r 点相应的齐向扩展场在 ICRU 球中，逆着齐向场方向的半径上深度 d 处的剂量当量，且两者存在对应的数值关系。

正因如此，国际辐射单位和测量委员会（ICRU）定义了用于场所辐射监测的实用量，即周围剂量当量 $H^*(d)$。

辐射场 r 点处的周围剂量当量 $H^*(d)$ 是与 r 点实际辐射场相应的齐向扩展场在 ICRU 球中逆着齐向场方向的半径上深度 d 处的剂量当量。

周围剂量当量 $H^*(d)$ 的单位，亦为 Sv。显然，用于测量 $H^*(d)$ 的仪器应具有各向同性的方向响应，并且需要用周围剂量当量 $H^*(d)$ 的数值对仪器读数进行校正。

周围剂量当量 $H^*(d)$ 通常用于强贯穿辐射的监测，关注的深度 d 取 10 mm，周围剂量当量便记作 $H^*(10)$。仪器测得的周围剂量当量 $H^*(10)$，可作为仪器所在位置上人体有效剂量的合理估计值。

1.2.5 个人剂量当量

周围剂量当量是用于场所监测的实用量,而用于个人辐射监测的实用量是个人剂量当量(personal dose equivalent) $H_p(d)$,它是针对人体定义的一个量,具体是指人体指定一点下深度 $d(\mathrm{mm})$ 处软组织的剂量当量,单位为 Sv。

论及个人剂量当量 $H_p(d)$ 的数值时,必须同时说明相关的深度 d。为简化表述,d 应当用 mm 为单位表示。从实用量应用的角度,可以把辐射区别为强贯穿辐射与弱贯穿辐射。其分别定义为:在均匀、单向辐射场中,对某一给定的肌体取向,在皮肤敏感层的任何小块区域内所接受的剂量当量与有效剂量当量的比值小于 10 的辐射为强贯穿辐射,大于 10 的辐射为弱贯穿辐射。个人剂量当量的参考深度对强贯穿辐射取 10 mm,对弱贯穿辐射取 0.07 mm,对应的个人剂量当量分别记作 $H_p(10)$ 和 $H_p(0.07)$。

在放射防护评价中,$H_p(10)$ 可用作有效剂量的估计值,$H_p(0.07)$ 则可用作局部皮肤当量剂量的估计值。罕见情况下,可能用到与 $d=3$ mm 相应的个人剂量当量 $H_p(3)$,以此作为眼晶体当量剂量的估计值。

1.2.6 集体剂量

对于同一辐射事件,由于所处地理位置不同及生活习惯差异,受照群体中不同个体未必都会受到相同水平的照射。例如,特定 Δt 时间内,受照群体中有效剂量介于 E 至 $E+\mathrm{d}E$ 的个体人数是 $\mathrm{d}N/\mathrm{d}E$,则相关时间内群体的集体有效剂量(collective effective dose)$S_E(E_1, E_2, \Delta t)$ 定义为:

$$S_E(E_1, E_2, \Delta t) = \int_{E_1}^{E_2} E \left[\frac{\mathrm{d}N}{\mathrm{d}E}\right]_{\Delta t} \mathrm{d}E \qquad (1.2.6)$$

Δt 时间内,有效剂量处于 $E_1 \sim E_2$ 剂量段的人数为:

$$N(E_1, E_2, \Delta t) = \int_{E_1}^{E_2} \left[\frac{dN}{dE}\right]_{\Delta t} dE \qquad (1.2.7)$$

其中，E_1、E_2 是集体剂量累加的剂量范围。需注意，计算中剂量累加的下限 E_1 不得低于 10 μSv/a。集体剂量其实是受照群体中以人数计权后个体有效剂量的总和。集体剂量的单位是人·希（man·Sv）。

在有效识别、保护受到高水平照射的亚群，给出集体量的同时，还宜给出各个剂量、时间、年龄、地域段，甚至每种性别的人均剂量。例如，Δt 时间内，有效剂量处于 $E_1 \sim E_2$ 剂量段的人均有效剂量（effective dose of per capitation）$\bar{E}(E_1, E_2, \Delta t)$ 为：

$$\bar{E}(E_1, E_2, \Delta t) = \frac{1}{N(E_1, E_2, \Delta t)} \int_{E_1}^{E_2} E \left[\frac{dN}{dE}\right]_{\Delta t} dE \qquad (1.2.8)$$

如果累加的指标不是有效剂量 E，而是器官、组织 T 的当量剂量 H_T，则得到的分别是相关剂量段内的集体当量剂量 S_T 和人均当量剂量 $\bar{H}_T$。

1.3 核应急剂量学相关技术

核与辐射事故发生后，医疗和社会心理因素使剂量评估成为一个迫切的需要。在短时间内，会有大量的疑似受照人员急需确认是否受到放射损伤及受照剂量。因此，放射损伤早期诊断监测指标的研究一直是核事故应急首先需要解决的问题。

可以采用生物学方法和物理学方法对受照个体的受照剂量进行测定。长期以来，人们一直致力于研究开发快速、简便、准确的放射损伤剂量估算方法。开发的剂量估算方法很多，外周血淋巴细胞染色体畸变分析被视为特异性和灵敏性最强的生物剂量估算方法。这种技术具有低至 0.1 Gy 的检出下限，并能区分全身照射和局部照射，是国际公认的剂量估算的金标准。

1.3.1 生物剂量计

生物剂量测量是指利用体内某些敏感的辐射生物效应指标来反映人体受照射的剂量，这些敏感指标被称为生物剂量计（biodosimeter）。来自生物剂量的信息不仅有助于在发生事故时确定剂量分布，而且也是对受照人员进行分类、诊断和治疗的重要依据；人群的生物剂量信息还有助于对急性和慢性照射的远期效应进行评估。一个理想的生物剂量计应具备剂量-效应关系、个体变异度低、结果的早期可用性、能反映局部照射、指标存续时间长、无创性、自动化等特点。在放射损伤医学应急救治中，迅速对受照人员作出剂量估算是明确人员是否受到照射、损伤程度和采取的早期分类治疗措施的重要依据。

1.3.1.1 受照早期多参数生物剂量测定

多参数生物剂量测定数据见表1.3.1。

表1.3.1 多参数生物剂量测定

剂量/Gy	呕吐人数占比/%	呕吐发作的时间中位数/h	淋巴细胞绝对计数/%（正常第一个24 h后）	血清淀粉酶相对增加的天数/d	每50中期分裂相的双着丝粒数
0	—	—	100	1	0.05~0.1
1	19	—	88	2	4
2	35	4.6	78	4	12
3	54	2.6	69	6	22
4	72	1.7	60	10	35
5	86	1.3	53	13	51
>6	90~100	1.0	<47	>15	—

根据表1.3.1很容易发现，在1~2 h内的呕吐是特别严重的，剂量较高时淋巴细胞绝对计数会下降至1/2左右。在受到较大剂量照射24 h后，

血清淀粉酶值升高呈剂量依赖性关系。而从呕吐的时间数据可以看出，如果患者没有在 8~10 h 内出现呕吐，那么就说明剂量小于 1 Gy。

根据临床症状和体征、血液特点、体液生化等指标进行的伤员早期分类简便、快速，但灵敏度不高，特异性不强。皮肤斑点法（SSA）潜伏期长，不适合早期剂量估算。血清蛋白测定法（SPA）个体差异大。而细胞遗传学研究是非常有价值的。

对于无创伤的外照射患者，可应用以下标准来区别全身受照剂量是否大于 1 Gy。

$$T = N/L + E \qquad (1.3.1)$$

N/L 为中性粒细胞与淋巴细胞数量的比例；E 为患者是否已发生呕吐。如未发生呕吐，则 $E=0$；如发生呕吐，则 $E=2$。正常健康个体，全血细胞计数中的 N/L 值约为 2.21。如果受照剂量大于 1 Gy，受照 4 h 后，T 值将显著升高。一项研究表明，这种方法用于区分受照剂量小于 1 Gy 和大剂量照射的灵敏度为 89%，特异度为 93%。目前，3.7 已被选定为敏感度和特异度最大化的黄金分割点。如果 $T>3.7$，患者应做进一步评价。这种技术在事件发生 2 周内是非常有用的。

1.3.1.2 染色体畸变分析

染色体畸变是反映电离辐射损伤的敏感指标之一，而且借助离体照射人外周血淋巴细胞所建立的染色体畸变剂量-效应曲线，可估算事故受照人员的受照剂量。国际原子能机构（IAEA）于 1986 年、2001 年和 2011 年相继出版了技术报告《生物剂量测定：用于估算剂量的染色体畸变分析》、《细胞遗传学用于估算受照剂量的手册》和《细胞遗传学剂量计：应用于辐射事故的应急响应与准备》。外周血淋巴细胞染色体畸变分析是目前国际上公认的可靠而灵敏的生物剂量计。它作为一种生物剂量计已有 60 多年的历史，在一些重大的放射源辐射事故中起了相当重要的作用，所给出的剂量与临床表现相符，为临床诊治提供了依据。同时，与物理学方法可正确估算的剂量也比较一致。关于染色体畸变分析在急性照射中的应用已有不少报道，生物学方法和物理学方法可互相补充和验证。在比较复杂的情况下，如切尔诺贝利事故、巴西事故等，用物理学方法难以准确估算剂量时，染色体畸变分析更显示其优越性。迄今为止，染色体畸变分析已在事故照射的生物剂量测定中得到广泛应用，并已被国际上公认是一种可靠的、灵敏的生物剂量计。

笔者对某次放射源辐射事故中 1 名急性局部不均匀受照人员进行了剂量估算，估算的一次等效全身均匀照射剂量与临床转归有较好的一致性，对于临床治疗具有重要指导意义。

1.3.1.3 胞质分裂阻断微核分析

胞质分裂阻断微核（cytokinesis-block micronuclei，CBMN）分析是生物剂量估算的另一种方法。与直接检查染色体畸变不同，胞质分裂阻断微核分析是一种间接评估染色体损伤的方法，主要作用于间期细胞。大量研究表明，在一定剂量范围内，整体和离体条件下微核率均呈明显的剂量-效应关系，可以作为估算受照剂量的生物学指标。目前认为该法估算剂量范围在 0.25~5.0 Gy 较为准确。估算剂量时，除给出平均值外，同时应给出 95% 置信区间（confidence interval，CI）剂量范围，方法同染色体畸变分析。胞质分裂阻断微核分析主要用于急性均匀或比较均匀的全身照射的生物剂量测定，对不均匀和局部照射只能给出等效全身均匀照射剂量。而对于分次照射、内照射和长期小剂量照射等，由于影响因素复杂，目前尚不能用该方法来估算剂量。关于照后淋巴细胞微核的消长规律，研究表明照后微核立即升高，然后保持较恒定的水平，但持续多久尚待研究。笔者在对上文提到的放射源辐射事故中的 1 名急性局部不均匀受照人员的生物剂量估算中观察到，照后 40 天该人员的微核估算剂量降幅达 48%。

微核分析方法简单，分析快速，容易掌握，又有利于自动化操作，尤其在事故涉及的人员较多时更显示其优越性。但是微核分析也有以下不足；微核对电离辐射的敏感性和特异性不如双着丝粒染色体，且自发率较高，约为 0‰~30‰；同时因个体差异较大，而自发率与性别、年龄相关，所以估算剂量的下限值的不确定度较高；微核的衰减速度也比双着丝粒染色体快。

此外，核应急状态下的生物剂量计还有早熟染色体凝集环分析、核质桥分析等，具体内容详见后续章节。

1.3.2 物理剂量学方法

物理剂量估算问题的本质，就是在特定源项、特定照射条件下关心人体局部或整体的危害评估问题。通过对人体局部/整体辐射能量沉积的数量和速率进行定量，来为损伤程度定性或采取必要的救治措施提供基础数据，并结合以生物学方法获取的剂量数据进行对比、外推和综合评估。相比于生物学方法，物理学方法直接测量辐射场中的剂量率或剂量分布，可以提供实时数据，具有较高的客观性和直接性；且其估算较生物学方法快速，使得应急响应更加迅速和有效。根据照射方式，物理剂量估算可以分为外照射剂量估算与内照射剂量估算。

1.3.2.1 外照射剂量估算方法

放射源在人体外使人受到来自外部射线的照射称为外照射。核事故中外照射物理剂量估算方法可以分为直接测量法与间接估算法。直接测量法是通过各种仪器或设备对现场辐射剂量大小进行监测，间接估算法是利用经验公式与转换系数对受照剂量进行估算。

直接测量法常用的辐射剂量仪器有电离室、探测器等，这些仪器直接测量空间中的辐射剂量率或剂量分布，可以提供实时的辐射剂量数据，用于评估事故现场的辐射水平。直接测量法也包括人体剂量监测，是指通过个人剂量计监测人体接受的外部辐射剂量，来记录个体在不同时间段内接受的辐射剂量水平。目前，常用的个人剂量计包括热释光剂量计（thermoluminescent dosimeter，TLD）、光激发光（optically stimulated luminescence，OSL）剂量计、胶片剂量计（film dosemeter）、电子式个人剂量计（electronic personal dosimeter，EPD）等，对于中子常用的剂量计包括半导体探测器、组织等效正比计数器、固体径迹探测器等。

间接估算法可以根据已获取的不同的监测数据，选取不同的公式进行估算。例如，针对某点的粒子注量、源的活度、辐射场周围剂量当量率等，分别采取不同的公式对器官剂量、公众成员平均受照有效剂量等剂量学量进行估算。同时，对于事故的早期、中期和晚期，也有不同的估算方法，根据获取的监测数据分别采取不同的计算方式估算。

蒙特卡罗方法是一种基于概率统计的剂量估算方法，其原理是使用计算机模拟粒子的输运过程，把需要求解的问题转换为具有随机性的事件，再进行重复模拟，统计出现的结果，通过把要求解的问题进行统计抽样从而获得近似解。在核事故剂量估算中，该法比经验公式与转换系数方法更加可靠，是目前公认的最准确的计算方法之一。辐射防护、核和放射事故应急、临床核医学患者剂量估算及屏蔽计算等都可以用蒙特卡罗方法来进行。目前，常用的蒙特卡罗计算软件包括EGS4、Geant4、FLUKA、MCNP、PHITS等。

1.3.2.2　内照射剂量估算方法

内照射是指进入人体内的放射性核素作为放射源对人体的照射，内照射剂量的大小与粒子在人体内的输运以及物质在人体中的代谢有关。核事故中内照射剂量估算方法涵盖了多种测量、建模技术，需要综合考虑受照人员的生物学特征、放射源的性质和放射性物质的动力学行为，以提供准确的内照射剂量估算。

放射性核素被摄入人体后，首先向细胞外液（称为转移隔室）扩散，此后将经历多种复杂的转移，这些转移将决定放射性核素在体内的进一步分布和排出。因此，需要结合个体的生理参数和核素代谢情况进行计算。

首先需要确定放射性核素的摄入方式，根据有关检测数据得到核素的种类、活度等，再根据核素在人体内代谢的生物动力学模型推算体内积存量，计算出所需的剂量学量。

1.4 核应急时医学救援中剂量估算的趋势

核应急时医学救援中的剂量估算工作是一项涉及面广、技术性强的工作，但没有必要投入大量资金去另建一套包含所有应急技术在内的专业机构系统。应充分利用现有的各有关专业技术机构的人员、设备和设施，将核应急准备与日常工作兼容，并定期开展核应急知识培训与应急演练，提高受训者核应急响应水平，在兼容中常备，在常备中提高。

1.4.1 做好相关新技术的研发

积极引进国际先进仪器与设备，并使之处于良好的工作状态，做好核应急医学救援中放射防护装备、现场辐射检测仪器、实验室放射性样品分析测量仪器等新技术的开发研究工作。研究建立和完善受照人员的外照射剂量和内照射剂量快速评估方法、快速诊断和分类方法、饮用水和食品放射性污染快速检测方法及相关技术条件，结合实际开展相关研究工作，不断提高核应急技术水平。

1.4.2 建立完善的核应急医学救援数据库

核应急医学救援数据库是核与放射事故医学应急决策支持系统的重要部分，及时高效地整合数据信息，能够在核事故的早、中期为核应急医学救援提供基本数据与资料，是防护措施实施的依据。在事故后期，核应急医学救援数据库也可为恢复措施的实施、事故后果的统计及公众健康影响评价提供基本资料和数据。

1.4.3 加强国际、国内交流与合作

积极引进、学习和吸收国际先进的医学应急技术,加强国内地方和军队有关医学、科研、医疗卫生机构的核应急技术交流与合作。

第 2 章　临床剂量评估

2.1　概述

放射性疾病（radiation-induced disease）是指电离辐射作用于人体导致的全身或局部性疾病的总称。放射性疾病分类方法较多，根据照射方式和来源的不同，可分为内照射放射病和外照射放射病；根据受照剂量的大小、受照时间的长短和发病时间的急缓，可分为急性放射病、亚急性放射病和慢性放射病；根据受照部位的不同和照射范围的大小，可分为全身性放射损伤和局部放射损伤；根据受照时是否伴有其他致伤因素所致的损伤，可分为单纯放射性损伤和放射性复合伤。电离辐射对健康的影响，根据健康效应出现的早晚，可分为近期效应和远期效应。核与放射事故的主要致伤因素是放射性危害，事故可造成过量照射、伤口放射性核素污染、体表放射性核素污染、体内放射性核素污染等。受照人员可能发生全身过量照射、外照射急性放射病、内照射放射病和局部放射性皮肤损伤等放射性疾病。

核与放射事故发生的情况下，一次或短时间内受到超过年剂量限值且低于 1 Gy 的照射造成的损伤称为过量照射。过量照射视其受照剂量不同，临床表现不同，实验室检查结果亦不同。外照射急性放射病是指人体一次或短时间（数日）内分次受到大剂量外照射引起的全身性疾病。病情特点是致伤时间短，病变范围广泛，病情变化复杂，临床经过的阶段性明显，疾病的严重程度与受照剂量、剂量率、射线的种类和照射的均匀程度等因素有关。根据受照剂量、临床特点和基本病理改变，外照射急性放射病可分为骨髓型急性放射病、肠型急性放射病和脑型急性放射病。内照射放射病是指由于一次或短时间（数日）内摄入放射性核素，使全身在较短时间内均匀或比较均匀地受到有效累积剂量大于 1 Sv 照射而致的疾病，或者放射性核素摄入量超过其相应的年摄入量限值几十倍以上而引起的全身性疾病。内照射放射病包括内照射所致的全身性损伤和摄入放射性核素沉积到器官所致的局部损伤，也往往伴有放射性核素初始进入体内途径的损伤表现。内照射放射病全身性损伤的表现类似于外照射急性放射病的全身表现。

急性放射病的早期诊断是采取正确治疗手段、研判病情的前提和核事故应急医学处理的重要环节，急性放射病的损伤程度、病情轻重与受照剂量密切相关。对急性放射损伤患者进行的临床观察表明：全身照射后恶心、呕吐等早期症状出现的时间、严重程度和受照后 1~2 d 外周血血细胞计数的变化与受照剂量和病情严重程度密切相关，具有一定的诊断价值，也是一种简便、实用的照后早期分类诊断的方法。局部照射时局部皮肤红斑、水肿等出现的时间和严重程度是诊断放射性局部损伤的判定标准。因此，核与放射事故医学应急处置中，对受照人员早期开展剂量评估尤显重要。在发生核与放射事故后，应尽快对受照剂量进行评估，根据初步估算的受照剂量，结合临床资料对疾病进行分类、分度诊断和病程及预后判断。如果受照人员佩戴有个人剂量计，可以直接读取剂量数据；如果受照人员没有佩戴个人剂量计，需要估算受照剂量。剂量估算通常有物理剂量估算和生物剂量估算两种方法。通过详细询问受照人员的照射经过和现场调查，根据受照的时间、地点，受照人员所处的体位、姿势、与放射源的距离、停留时间、受照方式、有无屏蔽和防护措施，以及放射源或射线装置的种类和强度等因素进行初步物理剂量估算。但因受到照射源项、照射方式、照射时间、照射距离、人员活动等多因素影响，物理剂量估算不确定度较大，可能导致估算结果偏差较大。可采用外周血淋巴细胞染色体畸变分析进行生物剂量估算，但生物剂量估算即使于受照后立即采血，也需要经过培养、制片、分析等过程，约 3 d 后才能得到初步剂量估算结果。鉴于此种情况，受照早期可以观察受照人员的临床变化，如精神状态，有无恶心、呕吐、腹泻症状，症状的发作频次、持续的时间、严重程度等，以及受照人员的局部皮肤改变，如有无红斑、局部皮肤温度变化等。这些症状、体征可以作为早期受照剂量估算的有力依据。核与放射事故发生后，根据受照者初期反应的全身和局部症状、照后白细胞计数变化、照后 1~2 d 淋巴细胞绝对值的变化等指标作出早期初步受照剂量评估，从而尽早判定受照人员是否受到了大剂量照射和放射损伤的程度，尽快作出放射损伤的早期分类诊断，以便采取相应的治疗措施，同时也可以初步评估受照人员的预后。

因机体在不同年龄阶段对电离辐射的敏感性不同，有效组织反应的发生与受照者年龄密切相关，在评估受照剂量时需要考虑幼儿、儿童和青少年对辐射的敏感性高于成年人，因此接受相同剂量照射后出现的有效组织反应通常比成年人更严重，可能出现生长发育障碍、激素水平低下、器官功能不足、智力低下等后果。

2.2 症状体征指标评估

急性放射病的临床表现主要取决于照射后所致机体的基本损伤病变，一般的规律是照射剂量越大，病情越严重，症状及阳性体征越多且程度越重、持续时间越久，有着明显的剂量-效应关系。消化系统对射线有较高的敏感性，但各部位的敏感性又有不同：唾液腺属中度辐射敏感组织，大剂量照射可引起腺体肿胀、上皮细胞发生退行性变，可使唾液分泌减少，受照者有口干、食物咀嚼吞咽困难等不适；食管属低辐射敏感组织；胃属中度辐射敏感组织，放射损伤后主要表现出呕吐症状，呕吐前常出现恶心、流涎等症状；肠的辐射敏感性高于胃，小肠的辐射敏感性高于结肠，尤其是小肠对射线有很高的敏感性，用相同剂量的射线照射肠和胃，肠尤其是小肠的损伤程度远较胃严重。肠的放射损伤的主要症状是拒食、呕吐、腹泻，病理变化主要表现为肠黏膜破坏与脱落、绒毛萎缩与消失、肠液分泌过多、肠壁充血水肿和溃疡形成，以及出现肠张力的增强与挛缩等肠运动功能紊乱表现。射线也可导致肠道损伤部位及其深层的细菌堆积，成为菌血症发生的一个原因。

机体受到电离辐射照射后，受照剂量小于 0.1 Gy 时，一般无明显的临床症状，外周血象基本上在正常范围内波动；受照剂量介于 0.1~0.25 Gy 时，临床上一般也看不到明显的症状，血细胞分析中白细胞数量的变化不明显，淋巴细胞数量可能有暂时性下降；受照剂量介于 0.25~0.5 Gy 时，临床上约有 2% 的受照人员出现症状，表现为疲乏无力、恶心等，白细胞、淋巴细胞数量略有减少；受照剂量介于 0.5~1 Gy 时，临床上约有 5% 的受照人员出现症状，表现为疲乏无力，恶心等，白细胞、淋巴细胞和血小板数量轻度减少；受照剂量大于 1 Gy 时，就达到了轻度骨髓型急性放射病的诊断起点。

电离辐射照射后出现恶心、呕吐、腹痛、腹泻等胃肠道症状是急性放射病的早期症状。胃肠道症状发生的频次和剧烈程度与受照剂量相关，受照剂量越大，胃肠道症状出现越早、越频繁且越严重。胃肠道症状的严重程度又与放射病病情轻重和预后密切相关，受照后 24~48 h 内发生食欲减退的程度、恶心呕吐的次数、腹痛、腹泻发生等情况与急性放射病病情较一致。因此，急性放射病初期出现的恶心、呕吐、腹痛、腹泻、颜面潮红、腮腺肿大等症状和体征是早期诊断的重要依据，对急性放射病的分型、分期诊断有重要意义。受电离辐射照射后初期，恶心、呕吐等症状出现越早、症状越重、次数越多，表明病情越严重，受照剂量也越大。因此，临床实践中可根据受照后初期的恶心、呕吐等胃肠道症状，对急性放射病进行早期分类诊断和受照剂量评估。但依据临床症状指标进行受照剂量估算时应考虑到个体敏感性和心理因素的影响。个别受照者因对电离辐射认知不够和存在恐惧感，又不了解自身的受照剂量大小，一旦发现自己受到电离辐射照射会立即出现精神过度紧张、恐惧和悲观等精神心理表现。因此，对受照后出现的初期症状要进行综合分析，需要排除心理因素引起的恶心、呕吐等现象。在急性放射病病程发展中，如极期症状出现得越早、越多，说明受照剂量越大。各型外照射急性放射病的主要临床表现见表 2.1.1。

表 2.1.1 各型外照射急性放射病的主要临床表现

分期	主要症状	脑型	肠型	骨髓型			
				极重度	重度	中度	轻度
初期	呕吐	+++	+++	+++	++	+	−
	腹泻	+~+++	+++	+~++	−~+	−	−
	共济失调	+++	−	−	−	−	−
	定向力障碍	+++	−	−	−	−	−
极期	开始时间/d	立即	3~6	<10	15~25	20~30	不明显
	口咽炎	−	−~++	++~+++	++	+	−
	最高体温/℃	↓	↑或↓	>39	>39	>38	<38
	脱发	−	−~++	+~+++	+++	+~++	−
	出血	−	−~++	−~+++	+++	+~++	−

续表

分期	主要症状	脑型	肠型	骨髓型			
				极重度	重度	中度	轻度
极期	柏油便	−	−~++	+++	++	−	−
	血水便	−~+	++	−	−	−	−
	腹泻	+++	+++	+++	++	−	−
	拒食	+	+	+	−~+	−	−
	衰竭	+++	+++	+++	++	−	−

2.2.1 轻度骨髓型急性放射病

如受照后 1 d 内，仅有恶心、轻度食欲减退，未出现呕吐，也有极少数人受照后偶尔（约 1~2 次）发生呕吐，受照后数日内出现头晕、乏力、失眠等症状，评估全身受照剂量不会太大，可能在 1~2 Gy，属轻度骨髓型急性放射病。由于受照剂量不太大，患者临床症状可能较少，且一般不太严重，甚至约有三分之一的轻度骨髓型急性放射病患者无明显症状，病程分期不甚明显，病程中一般不发生脱发、出血、感染等极期症状，也无明显阳性体征。轻度骨髓型急性放射病患者往往预后良好，一般在 2 个月内自行恢复，无死亡病例出现。

2.2.2 中、重度骨髓型急性放射病

如受照后 1~2 h 即出现恶心、呕吐，且呕吐次数比较频繁，约 0.5 h 呕吐 1 次，伴有头晕、乏力、食欲减退、口干等症状，评估全身受照剂量可能在 2~4 Gy，病情多为中度骨髓型急性放射病。

如受照后 0.5~2 h 内出现恶心、频繁呕吐，约数分钟呕吐 1 次，呕吐次数多，伴有腮腺肿大、发热、头晕、乏力、口干等症状，评估全身受照

剂量在 4~6 Gy，病情多为重度骨髓型急性放射病。

中、重度骨髓型急性放射病患者的造血功能障碍贯穿整个病程，且病程具有明显的阶段性，临床经过可分为初期、假愈期、极期、恢复期 4 个阶段。初期系指受照后出现症状至假愈期开始前的一段时间，一般持续 3~5 d。初期症状主要反映机体受照后的应激反应，表现为神经内分泌系统功能紊乱，尤其是植物神经功能紊乱的症状较为突出。初期症状一般于受照后数十分钟至数小时内出现，主要表现为头晕、乏力、食欲减退、恶心、呕吐等症状，部分患者可出现心悸、口渴、发热（体温 38 ℃ 左右）、失眠等表现。如头面部受照剂量较大者，早期还可能出现口唇肿胀、颜面潮红似醉酒样、眼结膜充血、腮腺肿大等局部表现。初期症状发生的早晚与病情轻重有密切关系，重度病例初期症状较中度病例出现早且重。假愈期系指初期症状减轻至极期症状出现前的一段时间，在受照后 5~20 d，此期一般持续 2 周左右。此期内初期症状明显减轻或消失，患者稍感乏力，无其他特殊不适，但患者造血系统损伤仍在继续发展，外周血白细胞和血小板进行性下降，故称假愈期。在假愈期末，患者开始出现脱发、脱毛症状，脱发前 1~2 d 常有头皮胀痛。脱发开始的时间和脱发的严重程度随受照剂量的增加而提前和加重。极期在受照后 20~35 d，一般持续 2 周左右。极期是急性放射病临床表现最严重的阶段，在造血功能严重障碍的基础上，患者多发生感染、发热、出血，同时伴胃肠功能紊乱、水电解质及酸碱平衡紊乱等症状，表现为精神差、食欲下降、脱发明显、皮肤黏膜出血、感染。极期开始的早晚与受照剂量有关，受照剂量越大，进入极期的时间越早，极期持续时间越长，表明病情越严重。重度骨髓型急性放射病患者的极期出现的时间早于中度骨髓型急性放射病患者。恢复期在受照后 35~60 d，急性放射病患者经过积极治疗，症状、体征逐渐减轻或消失。毛发在受照后 6~10 周开始再生，并可完全恢复正常。

2.2.3 极重度骨髓型急性放射病

如受照后 0.5~1 h 内出现恶心、频繁且剧烈的呕吐、面部潮红、精神差、食欲减退或拒食,伴有腮腺肿大、发热、腹泻 1~2 次等症状,评估全身受照剂量为 6~10 Gy,病情多为极重度骨髓型急性放射病。极重度骨髓型急性放射病发病快,假愈期短,为 2~3 d,病程很快进入极期,症状可有精神衰竭、拒食、反复呕吐、高热、明显出血、严重的全身感染。此型患者可出现水样便或血便、脱水、电解质紊乱、酸中毒等临床表现,因病情重,预后不佳。

2.2.4 外照射肠型急性放射病

如受照后数分钟至数十分钟内出现乏力、上腹部疼痛、严重恶心、频繁呕吐、腹泻、腹痛、水样便或血水样便、全身衰竭、脱水等临床症状,受照后 3~5 d 症状稍缓解进入假愈期,或无假愈期而直接进入极期,出现严重的腹泻、拒食和呕吐,评估全身受照剂量很大,一般为 10~50 Gy,病情多为外照射肠型急性放射病。外照射肠型急性放射病病情特点为发病急、病程短、临床症状重且病程分期不明显,照射后主要引起的基本损伤变化为肠道损伤,部分患者可出现肠套叠、肠梗阻、肠麻痹等严重并发症。该病病程进展快,病情迅速恶化,患者会出现血压下降、四肢发凉、寒战、谵妄、昏迷,很快濒临死亡,经积极综合治疗后迄今尚无救治成功病例。

2.2.5 外照射脑型急性放射病

如受照后立即或数十分钟内出现频繁呕吐、腹泻、腹痛,照后 1~2 h 出现站立不稳、步态蹒跚等共济失调症状,定向力、判断力障碍,肢体或眼球震颤、肌张力增强、强直性抽搐、角弓反张等症状,评估全身受照剂量在 50 Gy 以上，病情多为外照射脑型急性放射病。外照射脑型急性放射病病情特点为照射后主要引起的基本损伤变化为中枢神经系统损伤，病情更为严重，发病更凶猛，病程更短，患者多在 1~2 d 内死亡。若受照后出现意识丧失、瞳孔散大、大小便失禁、血压下降、休克、昏迷，整个病程经过约数小时，患者很快死亡，评估全身受照剂量在 100 Gy 以上。

2.3 血细胞指标评估

人类造血器官包括骨髓、淋巴结和脾脏。造血组织和细胞对电离辐射高度敏感。造血细胞不断增殖、分化产生外周血中所需要的红细胞、白细胞和血小板。造血组织是一种阶层型组织，不同成熟程度的血细胞来源于造血干细胞，造血干细胞和分化程度较低的幼稚细胞对辐射最敏感，成熟淋巴细胞在大剂量照射后可能因膜系统的损伤发生间期死亡。在电离辐射作用下造血细胞可迅速发生结构与功能的变化，导致各系、各发育阶段血细胞的数量、质量、形态等多方面出现缺陷。外周血血细胞变化是判断受照人员病情的另一重要依据，血细胞变化和受照剂量的大小有着明显的剂量-效应关系，对早期临床诊断和处理有着积极意义。一般情况下，如受照剂量在 0.1 Gy 以下，血细胞检查没有变化；如受照剂量大于 0.1 Gy，白细胞计数的变化不明显，淋巴细胞计数可有暂时性下降；如受照剂量大于 0.25 Gy，白细胞计数、淋巴细胞计数略有下降；如受照剂量大于 0.5 Gy，白细胞计数、淋巴细胞计数和血小板计数出现轻度减少；如受照剂量大于 1 Gy，白细胞计数、淋巴细胞计数和血小板计数出现明显减少。急性全身受照，经数分钟后就可以出现骨髓和淋巴细胞的变化，伴有外周血血细胞特别是淋巴细胞数目的减少，第 2~5 周白细胞计数降至最低值。造血组织发生辐射损伤的程度与放射病病情及预后有着平行关系。因此，受照后观察外周血血细胞数目的动态变化在急性放射病的病情研判和受照剂量评估中具有重要的意义。射线照射后机体的受照剂量、病情损伤程度与血细胞水平的高低密切相关，外周血血细胞数目在射线作用后的变化，随受照剂量的增大而加剧。一般情况下，受照剂量越大，血细胞进行性减少时相开始越早、下降程度越明显、最低值越低，恢复正常所需时间亦越长，血细胞计数的变化、下降率、最低值与受照剂量呈正相关。以白细胞数目受照后的变化为例，受照后 1~2 d 出现早期增高的时相，白细胞出现一过性增多，受照剂量越大，增多越明显，增多时相也越早。初期下降时相中，白细胞数目下降的速度和程度与受照剂量成比例，受照剂量越大，初期白细胞数目下降越快，下降的曲线越陡，程度亦越重。白细胞数目进行性下降的速度、最低值出现的时间和最低值水平都与受照剂量密切相关。受照剂量大者，白细胞数目迅速进行性下降，很快到达最低值，最低值水平越低，持续时间也越久。外周血白细胞中的淋巴细胞对电离辐射非常敏感，淋巴细胞数目的变化亦有一定规律，受照后 24~48 h 的淋巴细胞数量与受照剂量呈负相关。一次急性照射可引起造血功能下降的剂量阈值为 0.5 Gy。因此，受照人员受照后外周血白细胞计数和外周血淋巴细胞绝对值的变化，可用于急性放射病的早期全身受照剂量评估和初步早期分类诊断，尤其是受照后 1~2 d 外周血淋巴细胞绝对值的变化，对骨髓型急性放射病的早期分类分度诊断具有重要价值。受照后不同程度骨髓型急性放射病的白细胞计数变化见表 2.3.1。下面分别叙述不同类型急性放射病的血细胞计数变化情况和全身受照剂量评估。

表 2.3.1　不同程度骨髓型急性放射病的白细胞计数变化

分度	减少速度/ (10^9/L·d)	照后 7 d 值/ (10^9/L)	照后 10 d 值/ (10^9/L)	<1×10^9/L 时间 （照后 d）	最低值/ (10^9/L)	最低值时间 （照后 d）
轻度		4.5	4.0		>2.0	不明显
中度	<0.25	3.5	3.0	>20~32	>1.0~2.0	20~30

续表

分度	减少速度/ (10^9/L·d)	照后 7 d 值/ (10^9/L)	照后 10 d 值/ (10^9/L)	<$1×10^9$/L 时间 (照后 d)	最低值/ (10^9/L)	最低值时间 (照后 d)
重度	0.25~0.6	2.5	2.0	8~20	0.2~1.0	15~25
极重度	>0.6	1.5	1.0	<8	<0.2	<10

2.3.1 轻度骨髓型急性放射病

如果受照人员受照后 1~2 d 白细胞总数出现一过性升高至 $10×10^9$/L 左右，外周血淋巴细胞计数绝对值降至 $1.2×10^9$/L 左右，评估全身受照剂量可能在 1~2 Gy。白细胞计数一过性升高后开始出现逐渐下降趋势，在照后 30 d 前后可降至 $(3.0~4.0)×10^9$/L，个别患者可降至 $2.0×10^9$/L 左右。血细胞涂片检查可见白细胞出现少量的核棘突和核固缩现象。正常情况下受照后 50~60 d 血细胞计数逐渐恢复正常。大多数轻度骨髓型急性放射病患者的红细胞、血红蛋白和血小板计数可无明显变化，骨髓象检查基本正常。

2.3.2 中、重度骨髓型急性放射病

因骨髓型急性放射病随着病程发展的不同时期，外周血血细胞计数会出现显著的变化，故可根据受照人员受照后血细胞计数的改变，初步评估其受照剂量。中、重度骨髓型急性放射病初期，即受照射后数小时至 1 d，外周血白细胞计数升高至 $10×10^9$/L 以上，重度患者白细胞计数升高较显著，后出现快速下降，但外周血淋巴细胞绝对值减少。受照后 1~2 d 外周血淋巴细胞绝对值出现急剧下降，如果外周血淋巴细胞绝对值降至 $0.9×10^9$/L 左右，评估全身受照剂量可能为 2~4 Gy，可初步诊断为中度骨髓型急性放射病；如果外周血淋巴细胞绝对值降至 $0.6×10^9$/L 左右，评估全身受照剂量可能为 4~6 Gy，可初步诊断为重度骨髓型急性放射病。

在病程的假愈期（受照后 5~20 d），临床症状虽然有所减轻，但造血系统的损伤仍在继续发展，外周血白细胞和血小板计数仍呈进行性下降，其下降速度与全身受照剂量和病情严重程度有关，重度患者较中度患者下降更快。一般于受照后 7~12 d 白细胞计数降至第一个低值，之后出现一个暂时性回升，回升的峰值与病情有关，一般情况下中度患者的白细胞计数一过性回升值高于重度患者，一过性回升后白细胞计数再度呈进行性下降。血小板计数下降较白细胞稍缓慢，中度骨髓型急性放射病患者受照后 2 周血小板可降至 $60×10^9/L$ 以下，重度骨髓型急性放射病患者可降至 $30×10^9/L$。红细胞由于寿命较长，下降较慢，此期计数一般无明显改变。

在病程的极期（受照后 20~35 d），外周血白细胞、血小板计数再度呈进行性下降并达到最低水平。中度骨髓型急性放射病白细胞计数最低可降至 $1.0×10^9/L$ 左右，血小板计数可降至 $40×10^9/L$ 左右，此阶段可出现轻度或中度贫血；重度骨髓型急性放射病白细胞计数可降至 $0.5×10^9/L$ 以下，血小板计数可降至约 $10×10^9/L$，可出现中度或重度贫血。此期内骨髓等造血器官破坏严重，骨髓检查显示红系、粒系、巨核系的幼稚细胞极度减少，骨髓增生程度低下或极度低下，淋巴细胞、浆细胞等非造血细胞的比例增高，重度患者上述变化更加明显。

在病程的恢复期（受照后 35~60 d），造血功能逐渐恢复，外周血血细胞分析可见各类血细胞计数逐渐升高。一般情况下，受照后 50~60 d 白细胞计数恢复至 $(3.0~5.0)×10^9/L$，血小板计数恢复接近正常；受照后第 4 周骨髓造血功能开始恢复，骨髓象较外周血血细胞的恢复更缓慢。

2.3.3 极重度骨髓型急性放射病

如果受照人员受照后 1~2 d 外周血淋巴细胞绝对值降至 $0.3×10^9/L$ 左右，估计全身受照剂量可能为 6~10 Gy，病情初步诊断为极重度骨髓型急性放射病。极重度骨髓型急性放射病患者的造血功能损伤更为严重，部分患者的造血功能不能自行恢复。受照后数小时外周血白细胞计数可升高至 10×10^9/L 以上，之后很快下降，白细胞计数下降速度更快；受照后 7~8 d 白细胞计数降至 1.0×10^9/L 以下，且不出现暂时性回升；受照后 10 d 白细胞计数可降至 0.5×10^9/L 以下，病情严重者可降至 0.2×10^9/L 以下，甚至为 0；外周血血小板计数也很快下降，可降至接近 0；红细胞和血红蛋白计数多呈进行性缓慢下降，可发生中度或重度贫血。

2.3.4 外照射肠型急性放射病

如果受照后 1~2 d 外周血淋巴细胞绝对值降至 0.1×10^9/L 左右，评估全身受照剂量可能在 10 Gy 以上，病情初步诊断为外照射肠型急性放射病。外照射肠型急性放射病造血功能损伤非常严重，外周血血细胞计数变化快，受照后白细胞计数出现一过性增高，后急剧下降，数天内白细胞总数可降至 1.0×10^9/L 以下，1 周内可降至 0.02×10^9/L 左右；骨髓象检查显示骨髓空虚，造血细胞少，提示已失去造血能力，也无再生能力。

2.3.5 外照射脑型急性放射病

如果受照人员受照后表现为血液浓缩，白细胞计数升高后急剧下降，受照后白细胞总数升高可至 25×10^9/L 以上，病情初步诊断为外照射脑型急性放射病。受照后数小时内患者外周血淋巴细胞绝对值可降至 0，评估全身受照剂量可能在 50 Gy 以上；受照后 24 h 骨髓象检查显示穿刺物呈水样，无血色，无明显的细胞成分。

2.3.6 结合初期症状和外周血淋巴细胞绝对值临床指标评估骨髓型急性放射病的受照剂量

放射事故发生后，在病程的初期通过受照后患者早期全身症状，尤其是恶心、呕吐等胃肠道症状可初步评估受照剂量，但胃肠道症状也受照射部位、个体心理素质等因素影响。如果全身受不均匀照射，腹部受照剂量偏大时，虽然全身剂量未达到骨髓型急性放射病，但因腹部剂量大，也可出现恶心、呕吐等症状。另外，放射事故发生时，个别受照人员一旦意识到自身有罹患放射病的风险后会立即产生恐惧、紧张等情绪，受心理因素影响也会出现恶心、呕吐等症状。因此，受照后应综合分析初期胃肠道症状和受照后 1~2 d 外周血淋巴细胞绝对值的变化，进行早期受照剂量评估，以降低早期受照剂量估算偏差。

受照后 1 d 内，患者仅有恶心、食欲减退而未出现呕吐，受照后 1~2 d 外周血淋巴细胞绝对值约为 $1.2×10^9$/L，病情多为轻度骨髓型急性放射病，初步评估受照剂量可能为 1~2 Gy；如果受照后 1~2 h 出现了恶心、呕吐，呕吐有 3~5 次，受照后 1~2 d 外周血淋巴细胞绝对值约为 $0.9×10^9$/L，病情多为中度骨髓型急性放射病，初步评估受照剂量可能为 2~4 Gy；如果受照后 0.5~1 h 出现恶心、呕吐，且呕吐次数较多，同时伴有腮腺肿大、发热等症状，受照后 1~2 d 外周血淋巴细胞绝对值约为 $0.6×10^9$/L，病情多为重度骨髓型急性放射病，初步评估受照剂量可能为 4~6 Gy；如果受照后 0.5 h 内出现反复多次呕吐，伴有腹泻、腮腺肿大、发热等症状，受照后 1~2 d 外周血淋巴细胞绝对值约为 $0.3×10^9$/L，病情多为极重度骨髓型急性放射病，初步评估受照剂量可能为 6~10 Gy；如果受照后数分钟至数十分钟内即出现频繁呕吐、腹痛、严重腹泻、血水样便，受照后 1~2 d 外周血淋巴细胞绝对值降至 $0.1×10^9$/L 左右，病情多为肠型急性放射病，初步评估受照剂量可能为 10~50 Gy；受照后立即或数十分钟内出现频繁呕吐、腹痛、腹泻、共济失调、定向力障碍、肌张力增强、强直性抽搐等症状，受照后外周血淋巴细胞绝对值可降至 0，病情多为脑型急性放射病，初步评估受照剂量可能在 50 Gy 以上。

结合受照后初期症状和受照后 1~2 d 外周血淋巴细胞绝对值综合分析评估骨髓型急性放射病的受照剂量范围可参考表 2.3.2 和图 2.3.1。但需要进行综合分析研判,排除因不均匀照射或心理因素的影响导致的恶心、呕吐等症状。

表2.3.2 骨髓型急性放射病的初期反应、早期分度诊断及受照剂量范围参考值

分度	初期反应	受照后1~2 d淋巴细胞绝对数最低值/(10^9/L)	受照剂量范围参考值/Gy
轻度	乏力、食欲减退	1.2	1~2
中度	头晕、乏力、食欲减退、恶心,1~2 d后呕吐,白细胞短暂上升后下降	0.9	2~4
重度	1 d后多次呕吐,可有腹泻、腮腺肿大、白细胞数明显下降	0.6	4~6
极重度	1 d内多次呕吐和腹泻、休克、腮腺肿大、白细胞急剧下降	0.3	6~10

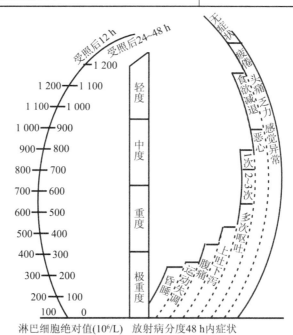

图2.3.1 骨髓型急性放射病早期分度诊断图

根据患者受照后 12 h 或 24~48 h 内淋巴细胞绝对值（图 2.3.1 左侧弯柱上的数值）和该时间内患者出现的最重症状（图 2.3.1 右侧弯柱内侧实线下角）做一连线通过中央柱，柱内标志的程度就是患者可能的诊断；如在受照后 6 h 进行诊断，则仅根据患者出现的最重症状（图 2.3.1 右侧弯柱内侧实线的上缘）做一水平连线至中央柱，依柱内所标志的程度加以判断，但其误差较受照后 24~48 h 判断时大。第一次淋巴细胞检查应在使用肾上腺皮质激素和抗辐射药物之前进行。

2.4 内照射放射病剂量的评估

内照射是指进入人体内的放射性核素作为放射源对人体产生的照射。放射源沉积的器官称为源器官；受到从源器官发出辐射照射的器官称为靶器官。内照射放射病是指放射性核素过量摄入导致机体过量受照，而诱发的以靶器官损害为主或酷似外照射急性放射病临床表现的全身性疾病。内照射损伤包括内照射所致的全身性损伤和该放射性核素源器官的局部损伤。内照射放射病可出现与外照射急性或亚急性放射病相似的全身性表现，因放射性核素动力学特征不同，往往伴有放射性核素靶器官和源器官的损害，并具有放射性核素初始进入机体部位和经过的代谢途径（如肺、胃肠道、肾脏）的损伤表现。均匀或比较均匀地分布于全身的放射性核素如 ^{3}H、^{137}Cs 引起的内照射放射病的损害主要是全身性损害，其临床表现和实验室检查所见与外照射急性或亚急性放射病相似，以造血障碍、骨髓增生低下为主要临床表现；极期发生较晚，病程迁延。选择性分布的放射性核素的损害以靶器官的损害为主，如放射性碘主要集中在甲状腺，可引起甲状腺功能减退、甲状腺炎等甲状腺损伤；放射性镭、锶等属于亲骨性放射性核素，可均匀沉积于骨骼，导致骨质疏松、病理性骨折、骨坏死、骨髓功能障碍等骨组织的损伤；稀土元素和以胶体形式进入体内的放射性核素可导致单核-吞噬细胞系统的损伤；放射性核素铀主要沉积在肾脏，可导致肾功能损伤。由于各种器官或组织的辐射敏感性不同，内照射空间、时间分布的问题对内照射放射病的评估就非常重要。

内照射放射病初期反应症状不明显或表现为延迟，但恶心、呕吐和腹泻仍为其主要临床表现，呕吐出现时间和严重程度与放射性核素摄入量密切相关。但放射性核素以吸入途径进入人体时，一般无腹泻症状。由于病例资料不多，现行诊断标准的诊断剂量侧重于放射性核素靶器官的阈剂量，要求放射性核素摄入量达到或超过靶器官的剂量阈值。常规放射性核素待积有效剂量当量大于 1.0 Sv。放射性核素可经由呼吸道、消化道、皮肤和伤口进入体内导致内污染。核与辐射事故现场如果发现可能导致放射性核素内污染的情况，如环境中放射性核素气体、放射性气溶胶浓度升高，体表放射性核素严重污染等，应立即着手调查污染核素的种类，收集有关样品，对放射性核素摄入量做初步估计。摄入量是决定放射性核素内污染现场处置行动的重要依据，摄入量初步估算时应偏保守，确保过量摄入放射性核素的人员都能得到及时的处置，给予阻吸收或促排治疗，预防和减少放射性核素的体内沉积量。如果受照后人员无明显不适症状，初步评估放射性核素摄入量小于年摄入量限值（annual limit of intake，ALI）的 5 倍；如果受照后人员出现恶心、呕吐及放射性核素进入途径上的明显症状，初步评估放射性核素摄入量超过年摄入量限值的 20 倍。

2.5　皮肤黏膜改变评估局部受照剂量

在核与辐射事故中，大部分照射为不均匀照射，发生皮肤、黏膜等局部放射损伤的情况较多。局部放射损伤变化受治疗措施影响较小，主要表现为脱毛、皮肤红斑、水疱、溃疡等急性放射性皮肤损伤，因此这些损伤变化能够反映局部受照剂量和病情本来的情况。在肿瘤放射治疗的临床实践中，对一些局部损伤的剂量-效应关系已有定性认识，如早年曾把红斑当作放射治疗的生物剂量指征，故局部临床表现对局部损伤程度判定有较大的诊断意义。

放射性皮肤疾病是指机体皮肤或局部受到一定剂量的某种射线（X、γ、β射线，高能电子束和中子等）照射后所产生的一系列生物效应，包括人体皮肤、皮下组织、肌肉、骨骼和器官的损伤。机体局部受到一次或短时间内（数日）多次 3 Gy 以上大剂量外照射，即可发生急性放射性皮肤损伤，主要表现为急性放射性皮炎和放射性皮肤溃疡。弱贯穿辐射造成皮肤损伤的参考剂量阈值为 2 Gy。根据局部皮肤损伤程度的不同，急性放射性皮肤损伤目前采用四度分类法。急性放射性皮肤损伤的分度均有其典型的临床表现，因射线种类、射线能量、吸收剂量、剂量率、受照部位、受照面积和全身损伤程度等情况而异，引起一定程度损伤所需要的剂量随受照面积的减少、照射次数的增多和照射时间的延长而增加。每一分度的临床经过又可分为初期反应期、假愈期、反应期（也称症状明显期）和恢复期四期。影响皮肤损伤程度的因素除受照剂量、电离辐射性质、受照时间、照射区域大小、个体差异、营养状况和接受医疗处置情况不同外，还与解剖学部位有关。Kalz 皮肤辐射敏感性递减的解剖部位顺序如下：前颈部、四肢屈侧、胸和腹、面部、四肢背侧和伸侧、颈项、头皮、手掌及足底。相同部位皮肤的辐射敏感性的个体差异亦较大。皮肤各结构的辐射敏感性也显示出较大的差异性，其中毛囊、皮脂腺最敏感，而汗腺有较强的抵抗力。穿透力较高的 X 射线和 γ 射线照射所致皮肤损伤的病理变化基本相同，主要为变性坏死、炎症反应等，主要伤及表皮、真皮层，剂量大时累及皮下组织甚至肌肉和骨骼。但也要重视受穿透力较低的 β 射线和低能量光子的外照射，较小面积皮肤接受 β 射线粒子污染时，β 射线粒子可以成为"热粒子"，使局部组织受到较高剂量的照射。β 射线照射形成的辐射剂量取决于 β 射线粒子的能量和组织深度。皮肤中的不同靶组织位于不同深度，加之损伤效应因受照面积和受照剂量而异，因此很难给出可以适用于不同照射条件的皮肤损伤剂量阈值。

2.5.1 急性放射性皮肤损伤Ⅰ度

急性放射性皮肤损伤Ⅰ度，受照皮肤主要表现为毛囊丘疹和暂时性脱毛，评估局部皮肤受照剂量为 3~5 Gy。受照后数小时出现毛囊上皮细胞肿胀、空泡变性，继之毛发再生停滞，致使毛根与毛乳头分离，毛发脱落。患者局部受照后，初期反应期局部无症状，部分患者受照 24 h 以后可出现轻微红斑，但很快消失；假愈期局部无症状；受照后 3~8 周进入反应期，局部皮肤出现毛囊丘疹、暂时脱毛等症状；小剂量照射时毛囊细胞可再生，故恢复期毛发可再生，局部无改变，不会演变为慢性放射性皮肤损伤。

2.5.2 急性放射性皮肤损伤Ⅱ度

急性放射性皮肤损伤Ⅱ度，受照皮肤主要表现为出现红斑、脱毛，评估局部皮肤受照剂量在 5~10 Gy。初期反应期在受照后 3~5 h，局部皮肤出现轻微的瘙痒感、灼热感和轻度肿胀，受照后 1~2 d 红斑、肿胀可暂时消退，进入假愈期。假愈期在受照后 2~6 周，局部无任何症状。反应期，局部皮肤再次出现瘙痒、灼热、潮红等症状，并逐渐加重，出现二次红斑，持续 4~7 d 后转为恢复期。恢复期时红斑变为浅褐色，皮肤稍干燥、脱屑、脱毛等，但毛发可再生，无功能障碍或不良后遗症，一般不会演变为慢性放射性皮肤损伤。

2.5.3 急性放射性皮肤损伤Ⅲ度

急性放射性皮肤损伤Ⅲ度，受照皮肤主要表现为出现红斑、水疱、脱毛。其中，皮肤出现水疱是此分度突出的症状。这是由于表皮层细胞变性加重，大量空泡形成，基底细胞坏死，并可见多核细胞，表皮下大量水肿液积聚，表皮和真皮层分离而形成水疱。出现上述症状时预估局部皮肤受照剂量在 10~20 Gy。初期反应期局部皮肤出现一过性灼热感和麻木感，受照后 1~2 d 出现红斑、灼痛和肿胀等；受照后 1~3 周进入假愈期，局部症状逐渐减轻，个别症状甚至消失；反应期，局部皮肤再次出现红斑（也称为二次红斑），二次红斑色泽较前加深，肿胀明显，疼痛加剧，并逐渐形成水疱，初为小水疱，后逐渐融合为大水疱，水疱皮较薄，穿刺抽取疱液为淡黄色。水疱破溃后形成表浅的糜烂创面；水疱和创面经适当的处理，一般 4~5 周后开始出现上皮生长，但较缓慢，此时进入恢复期。恢复期的新生上皮菲薄、弹性差，致局部皮肤变薄、毛细血管扩张和皮肤色素减退，并与皮肤色素沉着相间使皮肤呈"大理石"样；毛发脱落不再生长，皮脂腺、汗腺萎缩，排汗功能障碍。经一段时期后病情逐渐迁延为慢性放射性皮肤损伤，皮肤可出现反复破溃，伴有溃疡形成。

2.5.4 急性放射性皮肤损伤Ⅳ度

急性放射性皮肤损伤Ⅳ度，受照皮肤主要表现为出现红斑、水疱、坏死、溃疡，皮肤出现溃疡、坏死是此分度突出的症状，坏死与存活组织之间无明显界限。病理上表皮和真皮逐渐发生坏死、脱落，形成溃疡，严重者累及肌层甚至骨膜，评估局部皮肤受照剂量≥20 Gy，受照皮肤中心受照剂量可达数百甚至上千戈瑞。初期反应期受照皮肤局部立即或数小时后出现瘙痒、灼痛、麻木、红斑、肿胀等症状，且逐渐加重；多数患者受照 1~2 d 后进入假愈期，局部皮肤症状减轻，严重者可以无明显假愈期；通常于受照 2~3 d 后进入反应期，局部皮肤再次出现红斑，二次红斑色泽较前加深，常呈紫褐色，肿胀明显，疼痛加剧，并相继出现水疱皮肤坏死区，坏死区形成溃疡。面积小的（直径≤3 cm）或相对浅的溃疡可望愈合；面积大而深的溃疡，逐渐扩大、加深，并容易继发细菌感染，愈合极为缓慢，甚至完全不愈合，溃疡基底及其周围形成瘢痕，严重者可累及深部肌肉、骨骼、神经或内脏器官，位于功能部位的严重损伤常伴功能障碍，需要行皮瓣或肌皮瓣植皮手术治疗。多数患者治疗后的皮肤经一段时期后逐渐迁延为慢性放射性皮肤损伤，局部皮肤反复出现破溃、感染，伴有局部骨骼坏死，需要反复多次手术治疗。

2.5.5 放射性核素体表污染

放射性核素体表污染是指放射性核素沾附于人体表面皮肤或黏膜（可以为健康的体表或创伤的体表）而造成的污染。沾附的放射性核素可对沾附处的局部皮肤构成外照射，引起局部放射性皮肤损伤，也可以通过皮肤吸收进入血液形成内照射。放射性核素伤口污染是放射性核素体表污染的一种特殊形式，放射性核素能够影响伤口的愈合，可长期沉积在伤口局部组织，产生远期效应，甚至导致局部组织发生癌变。核与辐射事故引起的任何皮肤损伤都要进行伤口放射性核素污染检测，根据可能污染的不同放射性核素正确选择不同的测量仪器，如 α、β、γ 射线探测仪等。

皮肤放射性核素污染的危害之一是皮肤受照，如果皮肤受照剂量达到一定水平，就可能引起放射性皮肤损伤。因此，对于严重的放射性核素皮肤污染，通过局部皮肤损伤的表现可估算局部皮肤的受照剂量，其局部外照射剂量评估可参考本章节急性放射性皮肤损伤。伤口出现放射性核素污染时，如果现场处置合理、有效，一方面能大大减少伤口局部组织的受照剂量，另一方面也能够减少放射性核素通过伤口的吸收，降低内照射剂量。

2.6 其他临床评估指标

除消化道症状和外周血血细胞数目变化外，重度以上患者极期多发生物质代谢紊乱，电解质、酸碱平衡失调，出现脱水、体重下降、酸中毒、低钾血症等。中、重度骨髓型急性放射病患者除血液学指标变化外，可出现血清总蛋白含量降低，二氧化碳结合力降低，血清尿素氮、肌酐升高，血钾和血钠常见不同程度的降低。重度患者极期可出现肝功能一过性异常，血沉增快。

淋巴组织和胸腺、性腺、甲状腺均为辐射敏感组织和器官，受照后迅速发生变性和坏死的细胞有淋巴细胞、造血细胞、生精细胞、肠上皮细胞。除造血功能、胃肠功能障碍外，机体受照后可出现免疫功能低下，生殖功能降低和甲状腺功能、结构的改变等临床表现。

2.6.1 免疫功能的变化

淋巴细胞是由骨髓中的造血干细胞发育而来，是免疫细胞中的一大类，在免疫应答过程中起核心作用。根据细胞生长发育过程的特点和功能的差别，淋巴细胞分为两个亚群：一个亚群来源于胸腺，称为 T 淋巴细胞（简称 T 细胞），主要参与机体的细胞免疫反应；另一亚群来源于骨髓等组织，称为 B 淋巴细胞（简称 B 细胞），主要与体液免疫有关。一般认为，急性放射病都有免疫反应的抑制和抗体生成的障碍。辐射对抗体生成的影响是抑制还是增强，除照射条件外，与受照时间及免疫刺激时间有关，但总的来说，受照后免疫多呈现抑制状态。

T 细胞中的辅助性 T 淋巴细胞（$CD4^+$ 细胞）、抑制性 T 淋巴细胞（$CD8^+$ 细胞）、T 淋巴细胞抗原受体配体细胞群（$CD3^+$ 细胞）、记忆 T 细胞、自然 T 淋巴细胞等亚群的辐射敏感性不同。照射后 $CD3^+$ 细胞和 $CD4^+$ 细胞明显减少，$CD8^+$ 细胞数量无明显变化甚至出现相对增多，致 $CD4^+/CD8^+$ 细胞比值下降，提示细胞免疫调节功能低下或紊乱。T 细胞对中子和 γ 射线似乎更敏感。早年急性放射病患者极期可检查到血清免疫球蛋白含量的降低，随着治疗技术发展，如大剂量免疫球蛋白的应用等，免疫球蛋白含量可无明显变化。

2.6.2 生殖功能的变化

男性睾丸由生精小管和间质细胞组成,生精小管上皮又由生精细胞和支持细胞构成,睾丸间质细胞分泌雄激素,主要是睾酮(T)。睾丸属于对辐射高度敏感的器官,根据临床和流行病学资料看,经 0.15 Gy 的辐射急性照射后精子数量即可见明显减少,导致暂时性不育;3.5~6 Gy 的辐射可引起永久性不育。睾丸的生精小管较间质细胞对辐射更为敏感,其中最敏感、变化最早的是精原细胞,受照后 2.5 h 就有变化。其次是初级和次级精母细胞,受照后 4.5 h 可见损伤,精子细胞和精子敏感性差一些,因精子成熟周期长达 2.5 个月,损伤出现较晚。既往辐射事故显示,患者受照后早期精液常规检查可出现精液不液化,而精子数目的下降多在受照 2~4 周后,照后 3 个月可降至最低水平。伴随精子数目减少或消失,精子活动度下降,畸形精子增多。睾丸的辐射损伤程度与受照剂量具有剂量-效应关系,全身照射后睾丸损伤是射线直接作用和间接影响的综合结果,睾丸损伤恢复较慢。睾丸的间质细胞辐射抗性较大,精子生成受抑时,雄激素分泌几乎不受影响,性欲不消失,但血睾酮可减少,而精液量、精子数及正常精子数明显减少。睾丸与小肠和骨髓相比较,虽均属于对辐射高度敏感的组织,但其损伤出现和恢复却慢得多,因为精子成熟周期较小肠腺窝细胞和骨髓造血细胞长得多。

卵巢中卵母细胞的辐射敏感性低于胚胎期卵巢中的卵原细胞。因此,生后卵巢对辐射的耐受力高于睾丸。一次短时间照射引起暂时性不孕的剂量为 0.65~1.5 Gy,永久性不孕的剂量为 2.5~6 Gy,由于卵母细胞随年龄增长而减少,所以造成永久性不孕的剂量阈值随年龄的增长而降低。受照后卵巢的主要变化是各级卵泡细胞的变性坏死,卵巢可出现萎缩、功能下降,造成月经周期紊乱和闭经。受照剂量不大时,这些病变造成的损伤组织有可能缓慢地再生恢复，受照剂量过大则无法再生，导致闭经、不孕不育。

2.6.3 甲状腺功能的变化

甲状腺对电离辐射的反应与机体年龄和个体敏感性有关，儿童较老年人敏感。大量临床和流行病学研究表明，外照射及 ^{131}I 摄入所致的内照射均能引起甲状腺功能和（或）结构的改变。在一定剂量范围内，甲状腺功能减退的发生率和受照剂量呈线性相关，甲状腺炎和甲状腺癌的发生也与受照剂量相关。外照射所致急性放射病时甲状腺的病变较 ^{131}I 摄入所致内照射时轻，在中等剂量以上辐射照射（重度以上骨髓型急性放射病）时，照射后早期甲状腺一般呈功能亢进状态，病情发展至极期时，则逐渐转为甲状腺功能减退。上述病变随受照剂量增加而加重，尤其在肠型和脑型急性放射病时更为明显。

2.7 核应急状态下的临床评估策略及进展

在突发核与辐射事故可能涉及大规模受照人员的情况下，恶心、呕吐等胃肠道临床症状出现的时间和严重程度是早期分类的一个快速而实用的观察指标。救援人员可利用有限的医学资料对受照人员进行早期剂量评估和早期分类诊断，解决大规模受照人员的早期医学处理问题。对受照后 2 h 之内出现呕吐的人员应立即进行进一步检查、分类和医学处理；对受照后 2 h 或更晚时间才出现呕吐的人员，或未发生呕吐的人员，可以适当地暂时延迟进行医学处理和剂量估算。美国国土安全部已推荐将早期呕吐开始时间列入对灾难性突发核与辐射事故损伤人员进行早期快速分类的程序中，但同时要考虑心理因素和照射部位在此种估算中的不确定性，尤其在不均匀外照射情况下呕吐症状差异较大，推断结果可能出现较大误差。

基于恶心、呕吐等临床指标与全身吸收剂量的关系，可以通过汇总国内外核与辐射事故受照人员临床资料，建立急性受照人员的数据库，开展回顾性分析，建立恶心、呕吐等临床症状与全身吸收剂量之间的数学模型。呕吐开始时间不但与全身吸收剂量有关，与照射剂量率也密切相关。Baranov 等总结切尔诺贝利核事故 203 例急性放射病患者临床资料后得出，呕吐开始时间（T_p，以 h 表示）与剂量率 P（Gy/h）的关系式为：$T_p = 2.48 P^{-0.50}$。因此，汇总更多国内外核与辐射事故受照人员病例资料进行统计分析，同时考虑不同射线的相对生物效能的差异，可以得到更为精确的数学模型，使临床指标在核与辐射事故应急剂量评估中更具有应用价值。

第 3 章 物理剂量估算

3.1 概述

中国是国际原子能机构（IAEA）成员国，同时也是《核应急国际公约》及《核安全公约》的缔约国，承担着相应的国际义务。我国于2016年发表了《中国的核应急》白皮书，提出了核事故应急处置要求的基本要求。核应急是为了控制核事故、缓解核事故、减轻核事故后果而采取的不同于正常秩序和正常工作程序的紧急行为，要求迅速、准确地根据现场环境作出防护和救援的决策。不论是核事故现场的群众，进行应急响应抢险的工作人员，还是参加急救的医护人员都有受到大剂量辐射的可能，而及时、有效地进行剂量估算并且作出诊断，是使事故受照人员得到及时救治的关键，也是分析防护措施有效性、决定应急响应人员下一步应急行动的重要前提，是评估远期辐射损伤效应及对辐射损伤人员进行针对性的医疗救治的基础。

生物剂量估算方法过程相对烦琐、耗时长，且无法对局部剂量进行精确评估；而物理剂量估算方法操作相对简便，在事故早期就能快速、准确地给出可靠的剂量学数据，可以得到受照人员的全身剂量、器官剂量，乃至局部详细剂量分布，是核应急处理中不可缺少的组成部分，它对受照人员受照水平的早期分类和最终受照剂量的评价有着重要的意义，能较好地反映损伤效应和预测病程。

放射性物质通过两种方式造成危害，即外照射和内照射，而对于体表皮肤或衣服受到放射性核素沾染导致的人员持续受照的情况，常用的内外照射剂量估算方式均有较大误差，因此其亦作为一种单独情况列出讨论。本章包括核应急状态下受照人员的物理剂量估算的基本方法与流程、常用的剂量检测方式以及最新的研究进展。

3.2 外照射剂量估算

放射源在人体外使人受到来自外部射线的照射称为外照射，在这种情况下，距离放射源越近和在附近停留时间越长，受到的辐射危害就越大。外照射事故中物理剂量估算一般先通过事故过程调查并确认受照条件，再通过个人剂量计计数、人体伴随物电子自旋共振（ESR）测定、热释光（TL）测定等方式确定受照剂量的测量值，最后与采用蒙特卡罗方法、经验公式方法等手段估算得到的结果进行比较。

对核应急外照射剂量的估算必须先进行事故过程调查，因为大多数情况下受照人员接受的是非均匀照射。在这种情况下，无论是佩戴的个人剂量计，还是通过某些伴随物所测得的剂量结果，一般只能反映人体的局部受照情况。这些结果在多大程度上能够代表受照人员的真实受照水平，必须经过事故过程调查，设立受照条件并进行模拟测量后，才能得出较为可靠的结论。在事故剂量的估算中，通常影响剂量准确度的最重要参数是时间、距离的估计值，事故过程调查的主要内容包括事故源的类型和强度（对混合辐射场还要知道其辐射成分），受照人员相对于放射源的距离和方向，受照时间及受照时受照人员周围环境等。之后在事故过程调查的基础上，根据事故受照条件与辐射场照射量的空间分布资料进行剂量模拟，通过计算得到人体内的吸收剂量分布。

辐射可以激发某些材料以及生物样品产生自由基，电子自旋共振波谱仪可以检测到这些自由基信号，而信号的强度与受到的辐射剂量相关。利用牙齿的 ESR 波谱估算核事故的辐射剂量是一种经典的方法。近年来，很多学者研究了指（趾）甲、头发、手机屏幕等易获取材料的 ESR 波谱与辐射剂量的关系，利用人体伴随物的某些物理性质来测定人体局部剂量。例如，可通过测量受照人员某些伴随物（如药物等）样品中辐射产生的长寿命自由度浓度的变化来估算剂量。而热释光效应也可以用来进行剂量估算。受照人员携带的手表中的红宝石，陶瓷材料制成的假牙或牙齿的陶瓷填隙物，棉织物的光、热激发发光均可用来估算剂量，其下限小于 1 Gy；在大型核事故和核袭击的情况下，还可以利用自然分布的砖瓦和食盐等环境样品的热释光现象来测量环境照射剂量，从而估算受照人员可能受到的照射剂量。

目前基于以往的研究，人们提出了大量用于剂量估算的经验公式，可以快速根据现有测量结果估算出全身受照剂量以及各器官受照剂量。除了使用经验公式外，蒙特卡罗方法也是进行物理剂量估算的常用方法。蒙特卡罗方法是一种随机抽样过程，利用已知的粒子反应截面数据，模拟各种微观物理过程，通过概率抽样对源粒子的行为进行跟踪，决定每次碰撞后次级粒子的运动方向和速度，之后根据需要对相应的物理量进行统计，逐次跟踪下去，就可以得到所需的结果。对复杂条件下辐射场的计算，射线衰减与散射过程及空间物质的几何分布有关，做准确的解析比较困难。在这种情况下，蒙特卡罗方法是很有效的求解方法。随着计算机技术的发展，数学模型、体素体模、曲面体模等人体模型的使用也越来越普遍，其能反映人体解剖特征，可以具体得到各个器官的受照剂量。

本部分内容将分别从常用的实际测量方法、经验公式以及蒙特卡罗方法三个方面来说明如何进行外照射剂量估算。

3.2.1 外照射物理剂量监测

3.2.1.1 个人剂量计

在发生辐射事故时,如果受照人员有佩戴个人剂量计或个人剂量报警仪,就可以从仪器读数上读出结果。对于比较均匀的辐射场,当辐射主要来自前方时,个人剂量计应佩戴在人体躯干前方中部位置,一般在左胸前;当辐射主要来自人体背面时,个人剂量计应佩戴在背部中间。对于参与核应急救援的工作人员,通常应根据佩戴在防护服里面躯干上的个人剂量计估算工作人员的实际有效剂量。当受照剂量可能超过调查水平时,则还需要在防护服外面的衣领上另外佩戴一个剂量计,以估算人体未被屏蔽部分的剂量。目前外照射个人剂量监测常用剂量计包括热释光剂量计、光激发光剂量计、胶片剂量计、电子式个人剂量计等。

1. 热释光剂量计

热释光剂量计是利用热致发光原理记录累积辐射剂量的一种器件。所谓热释光,是指一些材料在受到电离辐射照射后经加热所发射的光。热释光剂量计的工作原理是:在制备某些磷光体的过程中加进某些杂质,使磷光体内形成空穴,当热释光剂量计在辐射场中受到射线的辐照后,射线的能量被储存在这些空穴中,当在专门的测量仪上测量时,经对热释光剂量计加热,储存在空穴中的射线能量便以光的形式释放出来,该光的强度与接受的能量(照射量)成正比。热释光剂量计将接收照射的这种剂量片加热,并用光电倍增管(photomultiplier,PMT)测量热释光输出,即可读出辐射剂量值。优点是即使搁置很长时间后,其读数衰减仍很少;并可制成各种形状的胶片佩章,以供个人剂量监测使用。

热释光剂量计一般由光电倍增管、光学系统、加热装置、计数器、温控系统等组成。

经加热释放出的光子,需要通过光电倍增管转换为电信号以读出进行观测。光输出量与加热温度间的变化曲线称为发光曲线,光输出量的时间积分(即发光曲线下的面积)可用于估算受照剂量。常用的热释光剂量计材料为氟化锂,其他材料还包括氟化钙、氧化铍、硼酸锂、硫酸钙、硅酸镁等。图3.2.1给出了3种常见剂量片的典型热释光曲线。进行核事故受照人员剂量估算时,可将热释光剂量计布放在仿真人体模型表面及内部,根据事故受照几何条件进行照射,得出人体受照剂量分布。

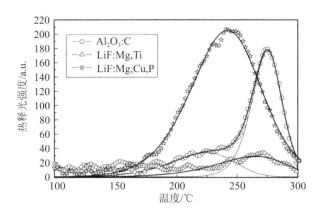

图 3.2.1　3种常见剂量片的典型热释光曲线①

2. 光激发光剂量计

OSL剂量片受到射线照射后,所产生的电子空穴对会被晶格缺陷捕获,用特定波长的光激发受过辐照的晶体,导致电荷从空穴场运动到发光中心,晶体受入射光激发后的发光量与晶体受照剂量及入射光的强度成正比,激光或发光二极管(light emitting diode, LED)发出的光所提供的能

---

① 陈劲民,李永强,熊正烨,等. $Al_2O_3:C$、LiF:Mg,Ti、LiF:Mg,Cu,P 对本底辐射的热释光响应比较[J]. 核技术,2012,35(2):109-112.

量可使电子从空穴激发至导带和发光中心。在此过程中只有少数电子被激发，因此此剂量计具有重复分析的能力。发光量取决于 OSL 所接受射线的剂量大小和入射光的强度。

测量过程是由光源产生激发光，由计算机控制的快门生成脉冲激发光，直接从样品反面用光电倍增管测量样品受激发后释放出的荧光信号，发光信号通过计算机控制的快门与激发光分离。在光测系统中有一个恒定的 ^{14}C 放射性参考光源，它具有发光均匀、性能稳定等特点，用来监督读出器的工作状态。

3. 胶片剂量计

胶片剂量计是由一片或多片照相胶片放在特制的包装盒内组成的一种二维剂量仪。其优点是体积小，空间分辨率高，在胶片盒上开窗加滤片还可对能量进行评估，可归档保存等。其缺点是因对辐射能量和辐射方向依赖性强、对湿度和温度敏感等，故测量准确度和稳定性较差。胶片剂量计在核事故剂量估算中使用较少，主要应用于肿瘤放射物理学中的常规剂量测量和放射治疗计划验证，尤其是调强适形放射治疗计划和立体定向放射治疗计划的剂量验证。

4. 电子式个人剂量计

电子式个人剂量计最初认定的主要优点是能实时给出个人剂量和剂量率的读数，并能进行报警。在可能接受较高照射的场合，佩戴电子式个人剂量计的工作人员和辐射防护管理人员能根据剂量计给出的数据及时对工作进行调整、优化，减少可能受到的照射，以保障遵守限值的要求。电子式个人剂量计的主要组成包括探测器、电子线路、软件系统和显示器。按使用的探测器进行分类，最常见的电子式个人剂量计可分为电子式 γ/β 个人剂量计和电子式中子个人剂量计。

（1）电子式 γ/β 个人剂量计主要分为以下三种：

① 采用盖革-弥勒（G-M）探测器的电子式个人剂量计：仅用于监测

γ辐射剂量，其灵敏度较高但剂量率线性范围窄，主要在辐射探伤及核技术应用领域使用。

② 采用硅半导体探测器的电子式个人剂量计：可监测 γ 和 β 辐射剂量，约占电子式个人剂量计用量的 50%。

③ 采用直接电荷存储（DIS）探测器的电子式个人剂量计：可监测 γ 和 β 辐射剂量，亦可用于肢端监测。

（2）常见的电子式中子个人剂量计包括以下四种：

① 半导体探测器：目前所见到的电子式中子个人剂量计大多使用半导体探测器。其在测量中子剂量时存在两个问题，即灵敏度对能量的依赖性及甄别 γ 辐射的能力。在工作场所遇到的 γ 辐射的能量范围一般仅有 3 个数量级，而中子的能量范围则达 8 个数量级，并且不同能量的中子与物质交互作用的各种效应及其截面有很大不同，贡献的剂量当量差异很大。探测器要达到与生物组织相似的中子能量响应就要采取在半导体元件周围加辐射体、吸收体和慢化体的方法。

② 组织等效正比计数器（TEPC）：从原理上讲，用组织等效正比计数器测量中子剂量不但可满足辐射防护对灵敏度和准确度的要求，也可用于未知能谱和中子、γ 混合场的测量。组织等效正比计数器将壁材料作为"转换体"，所充气体作为次级带电粒子的探测元件，次级带电粒子的能量沉积即为总吸收剂量。采用球形和圆柱形组织等效正比计数器的监测仪早已用于场所监测，但用于个人监测的装置尚为数不多，大多数仍处在实验室研发阶段。因个人剂量计应满足体积较小、使用相对简单、坚固、可批量生产等要求，还要满足灵敏度足够高、适用于辐射防护的低剂量率场所监测等要求，故研发有一定困难。

③ 固体径迹探测器：固体径迹探测器的原理主要是利用中子与物质相互作用产生的反冲质子、α 粒子或裂变碎片等带电粒子在一定介质材料中产生径迹，通过统计径迹的数量来估算中子剂量。固体径迹探测器包括

裂变径迹探测器、反冲径迹探测器和核反应径迹探测器。裂变径迹探测器利用中子致 ^{237}Np、^{232}Th 或 ^{238}U 发生裂变，其裂变碎片产生径迹；反冲径迹探测器利用中子与物质中 C、O 或 N 原子核发生弹性散射，反冲的 C、O 或 N 原子核产生径迹；核反应径迹探测器利用中子与 ^{6}Li 或 ^{10}B 发生 (n, α) 反应，发射的 α 粒子产生径迹。再利用适当的试剂对材料进行蚀刻，在显微镜下可观测径迹密度并进行计数，即可给出中子剂量。

④ 其他探测器：除了上述提到的探测器外，还有一些其他类型的电子式中子个人剂量计。例如，核径迹乳胶是利用中子与乳胶中的 H 原子核作用产生反冲质子，经适当处理后统计径迹数量来估算剂量，其适合快中子测量。气泡探测器是利用中子与固定弹性聚合物内的过热液滴作用产生气泡，通过对气泡的计数估算剂量。

3.2.1.2 环境剂量推算

1. 热释光剂量方法

除了热释光剂量计外，监测人员还可以通过其余受照材料推断患者受照剂量，这也是常用的个人剂量监测和事故剂量测定方法之一。常见的可用于热释光测量的材料包括手表红宝石、棉织物、纽扣、玻璃、石英、陶瓷、砖瓦、含糖食品以及人体的牙齿、指甲、头发、骨骼等。图 3.2.2a 给出了牙齿的热释光曲线，图 3.2.2b 给出了棉织物用光-热激发法和外逸电子发射法两种方式得到的发光曲线。但这些生物样品在受照者生前往往不易取得，只能在辐射事故调查和追溯剂量时使用。在热释光材料记录受照剂量后，环境中光线和热的激发可能导致热释光材料电子陷阱中的电子释放，这种现象称为衰退。为避免这种现象引起热释光测量读数不准确，应在取得受照材料后尽快开展测量工作。

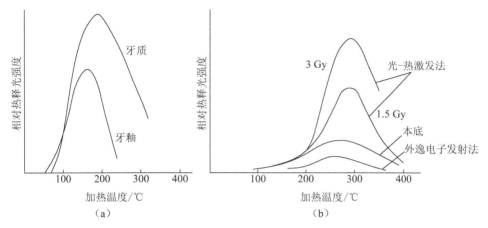

图 3.2.2 牙齿的热释光曲线（a）与棉织物的光-热激发发光曲线、外逸电子发射发光曲线（b）[①]

2. 利用感生放射性核素测量

人体内的 Na、P 等核素吸收中子后可生成 ^{24}Na、^{32}P 等放射性核素，通过测量身体不同部位处这些感生放射性核素的活度可以估算平均中子剂量和受照方位。此法通常用于为测量中子剂量而收集的血液、头发和尿液等人体样品上。此外，一些人员佩戴物中的金属，如 Au、Cu、Al、Fe 也可以吸收中子并转化为放射性金属核素，通过测量佩戴物中金属材料的放射性活度，可以得到中子能谱的信息。

核事故照射后通过环境剂量推算所直接测得的物理剂量是样品所在位置处的剂量，它还不能代表人体所受剂量，但可用此位置的剂量作为参考剂量来控制计算和模拟测量，以便得到人体内的剂量分布，进而用适当方法表示受照人员的受照剂量。这个参考剂量，对事故剂量的最后估算具有十分重要的客观衡量意义。

---

① 郭勇. 光子外照射事故后物理剂量测量方法[J]. 辐射防护，1988（Z1）：348-355.

3.2.2 X、γ外照射注量计算

3.2.2.1 已知注量率

若有用注量率测量仪器直接测得的辐射场的注量率，可用式（3.2.1）计算出注量：

$$\Phi = \phi \cdot t \tag{3.2.1}$$

式中：

Φ：辐射场的注量，单位为每平方厘米（cm^{-2}）；

ϕ：辐射场的注量率，单位为每平方厘米时（$cm^{-2} \cdot h^{-1}$）；

t：人员在相应场所的停留时间，单位为小时（h）。

3.2.2.2 已知源的放射性活度

若已知核素源的放射性活度，则可用式（3.2.2）计算注量：

$$\Phi = \frac{AF_\gamma t}{4\pi R^2} \tag{3.2.2}$$

式中：

Φ：辐射场的注量，单位为每平方厘米（cm^{-2}）；

A：放射源的放射性活度，单位为贝可（Bq）；

F_γ：放射源每次衰变发射X、γ射线的分支比，附录A给出了部分常见核素的分支比参考值，其余核素的分支比可参见《电离辐射所致眼晶状体剂量估算方法》（GBZ/T 301—2017）；

t：人员在相应场所的停留时间，单位为小时（h）；

R：关注点到源的距离，单位为厘米（cm）。

3.2.3　X、γ外照射比释动能（率）计算

3.2.3.1　已知源的放射性活度

1. 可视为点源

当放射源的最大长度与放射源到计算点的距离之比小于 $1.5×10^{-3}$ 时，就可以将放射源视为点源。只要放射源到计算点的距离足够长（一般要求大于 0.3 m），在已知其放射性活度的情况下可用式（3.2.3）计算空气比释动能率 $\dot{K}_a$：

$$\dot{K}_a = \frac{A\Gamma_K}{1\,000R^2} \cdot \exp(-\mu_f f - \mu_m m)[1+B(m)] \qquad (3.2.3)$$

式中：

A：放射源的放射性活度，单位为吉贝可（GBq）；

R：放射源与计算点的距离，单位为米（m）；

Γ_K：空气比释动能率常数，单位为毫戈瑞平方米每吉贝可时（mGy·m²·GBq⁻¹·h⁻¹），附录 C 给出了常用放射性核素的 Γ_K 值，其余值可参见《外照射慢性放射病剂量估算规范》（GB/T 16149—2012）；

μ_f：屏蔽材料的有效线性衰减系数，单位为平方米每千克（m²/kg），附录 B 给出了常见材料的 μ_f 值，其余值可参见《外照射辐射事故中受照人员器官剂量重建规范》（GBZ/T 261—2015）；

μ_m：人体组织的有效线性衰减系数，单位为平方米每千克（m²/kg），μ_m 值可参见《外照射辐射事故中受照人员器官剂量重建规范》（GBZ/T 261—2015）；

f：射线在屏蔽材料内经过的距离，单位为千克每平方米（kg/m²）；

m：射线在体模内经过的距离，单位为千克每平方米（kg/m²）；

$B(m)$：射线在体模内经过距离为 m 时的反向散射修正因子，可参见《外照射辐射事故中受照人员器官剂量重建规范》（GBZ/T 261—2015）。

当源与人的距离大于 0.5 m，在源与人之间除空气以外没有其他屏蔽物质时，可以使用简化公式即式（3.2.4）代替式（3.2.3）进行计算：

$$\dot{K}_a = \frac{A\varGamma_K}{1\,000 R^2} \tag{3.2.4}$$

2. 可视为线源

当放射源不能视为点源，但可以视为线源时，使用式（3.2.5）估算空气比释动能率 $\dot{K}_a$：

$$\dot{K}_a = \frac{A\varGamma_K}{L}\int_L \left\{\frac{1}{R_i^2}\exp(-\mu_f f_i - \mu_m m_i)[1+B(m_i)]\right\}dL \tag{3.2.5}$$

式中：

A：放射源的活度，单位为吉贝可（GBq）；

R_i：线源第 i 点到计算点的距离，单位为米（m）；

$\varGamma_K$：空气比释动能率常数，单位为毫戈瑞平方米每吉贝可时（mGy·m²·GBq⁻¹·h⁻¹），附录 C 给出了常用核素的 $\varGamma_K$ 值，其余值可参见《外照射慢性放射病剂量估算规范》（GB/T 16149—2012）；

μ_f：屏蔽材料的有效线性衰减系数，单位为平方米每千克（m²/kg），附录 B 给出了常见材料的 μ_f 值，其余值可参见《外照射辐射事故中受照人员器官剂量重建规范》（GBZ/T 261—2015）；

μ_m：人体组织的有效线性衰减系数，单位为平方米每千克（m²/kg），μ_m 值可参见《外照射辐射事故中受照人员器官剂量重建规范》（GBZ/T 261—2015）；

f_i：线源第 i 点发出的射线在屏蔽材料内经过的距离，单位为千克每平方米（kg/m²）；

m_i：线源第 i 点发出的射线在体模内经过的距离，单位为千克每平方米（kg/m²）；

$B(m_i)$：线源第 i 点发出的射线在体模内经过距离为 m_i 时的反向散

射修正因子;

L：线源的总长度，单位为厘米（cm）。

3. 可视为体积源

当放射源不能视为点源或线源，但可以视为体积源时，使用式（3.2.6）估算空气比释动能率 $\dot{K}_a$：

$$\dot{K}_a = \frac{A\Gamma_K}{V} \iiint_V \left(\frac{1}{R_i^2}\right) \exp(i - \mu_f f_i - \mu_m m_i)[1 + B(m_i)] \mathrm{d}V_i \quad (3.2.6)$$

式中：

A：放射源的放射性活度，单位为吉贝可（GBq）；

R_i：体积源第 i 点到计算点的距离，单位为米（m）；

Γ_K：空气比释动能率常数，单位为毫戈瑞平方米每吉贝可时（mGy·m²·GBq⁻¹·h⁻¹），附录 C 给出了常用核素的 Γ_K 值，其余值可参见《外照射慢性放射病剂量估算规范》（GB/T 16149—2012）；

μ_f：屏蔽材料的有效线性衰减系数，单位为平方米每千克（m²/kg），附录 B 给出了常见材料的 μ_f 值，其余值可参见《外照射辐射事故中受照人员器官剂量重建规范》（GBZ/T 261—2015）；

μ_m：人体组织的有效线性衰减系数，单位为平方米每千克（m²/kg），μ_m 值可参见《外照射辐射事故中受照人员器官剂量重建规范》（GBZ/T 261—2015）；

f_i：体积源第 i 点发出的射线在屏蔽材料内经过的距离，单位为千克每平方米（kg/m²）；

m_i：体积源第 i 点发出的射线在体模内经过的距离，单位为千克每平方米（kg/m²）；

$B(m_i)$：体积源第 i 点发出的射线在体模内经过距离为 m_i 时的反向散射修正因子；

V_i：体积源的总体积，单位为立方厘米（cm³），脚标 i 是指体积源中的第 i 点。

3.2.3.2 已知辐射场信息

1. 已知周围剂量当量率信息估算空气比释动能率

当有与器官剂量计算相应的 X、γ 辐射场的周围剂量当量率的信息时，应用式（3.2.7）估算空气比释动能率 $\dot{K}_a$：

$$\dot{K}_a = \frac{\dot{H}^*(10)}{C_{KH}^*} \tag{3.2.7}$$

式中：

$\dot{H}^*(10)$：周围剂量当量率，单位为希沃特每小时（Sv·h⁻¹）；

C_{KH}^*：空气比释动能到周围剂量当量的转换系数，单位为希沃特每戈瑞（Sv·Gy⁻¹）。

2. 已知定向剂量当量率估算空气比释动能率

当有与器官剂量计算相应的 X、γ 辐射场的定向剂量当量率的信息时，应用式（3.2.8）估算空气比释动能率 $\dot{K}_a$：

$$\dot{K}_a = \frac{\dot{H}^*(0.07)}{C_{KH}'} \tag{3.2.8}$$

式中：

$\dot{H}^*(0.07)$：定向剂量当量率，单位为希沃特每小时（Sv·h⁻¹）；

C_{KH}'：空气比释动能到定向剂量当量的转换系数，单位为希沃特每戈瑞（Sv·Gy⁻¹）。

3. 已知注量率估算空气比释动能率

当有与器官剂量计算相应的 X、γ 辐射场的注量率的信息时，应用式（3.2.9）估算空气比释动能率 $\dot{K}_a$：

$$\dot{K}_a = C_{\phi K} \phi \tag{3.2.9}$$

式中：

ϕ：注量率，单位为每平方厘米（cm^{-2}）；

$C_{\phi K}$：注量率到空气比释动能率的转换系数，单位为皮戈瑞平方厘米（pGy·cm^2）。

4. 已知粒子注量估算空气比释动能率

对不带电粒子，如果已知粒子注量，则空气比释动能率 $\dot{K}_a$（单位为 Gy）可按式（3.2.10）计算：

$$\dot{K}_a = \Phi \left(\frac{\mu_{tr}}{\rho}\right) E \qquad (3.2.10)$$

式中：

E：入射粒子能量，单位为焦耳（J）（注意通常入射粒子能量用单位 MeV 表示，此时需要换算，1 MeV = 1.6×10^{-13} J）；

Φ：粒子注量，单位为每平方米（m^{-2}）；

$\left(\dfrac{\mu_{tr}}{\rho}\right)$：不带电粒子的质能转移系数，单位为平方米每千克（m^2/kg）。

3.2.4　X、γ 外照射器官剂量估算方法

用理论方法进行外照射器官剂量重建时，应按事故的不同场景、源项信息和其他相关信息选择合适方法进行器官剂量重建。在器官剂量的重建中，个人监测数据应作为器官剂量估算的首选资料，其他资料由优到劣的选用顺序为空气比释动能、注量、实用量和其他剂量学监测资料。

进行 X、γ 外照射器官剂量估算时，一般应估算红骨髓和性腺的器官剂量；当可能发生局部皮肤辐射损伤时，应增加受照部位的皮肤剂量估算。当可能发生眼晶状体辐射损伤时，应增加眼晶状体的剂量估算，且仅当电子能量 ≥ 0.5 MeV，X、γ 射线能量 ≥ 10 keV 时，才需要进行外照射眼晶状体剂量估算。在辐射损伤疾病诊断中，特别是超剂量限值时，宜用

眼晶状体吸收剂量作为眼晶状体剂量估算目标量；在辐射防护评价中，应使用眼晶状体当量剂量作为估算目标量。眼晶状体剂量估算的结果不但应给出平均值，还应给出射线的种类和能量、照射时间、剂量率、照射次数和照射间隔时间等信息。在乳房进行照相检查的情况下，还应考虑乳腺剂量。

进行中子外照射器官剂量估算时，一般应估算红骨髓和性腺的器官剂量。进行电子外照射器官剂量估算时，若电子能量≤0.4 MeV，只需再估算皮肤剂量；若电子能量>0.4 MeV，还可根据需要增加估算睾丸或乳腺剂量。

3.2.4.1 有监测资料的情况

当有按 GBZ 128—2019 要求检测的个人剂量当量 $H_P(d)$ 和 X、γ 射线入射信息时，器官吸收剂量 D_T 可按式（3.2.11）计算：

$$D_T = \sum_j C_{TPj} H_{Pj}(d) \tag{3.2.11}$$

C_{TPj} 可以表示为 $C_{TP} = \dfrac{C_{KT}}{C_{KP}}$

器官吸收剂量 D_T 即可表示为式（3.2.12）：

$$D_T = \frac{C_{KT} H_{P(d)}}{C_{KP}} \tag{3.2.12}$$

式中：

C_{TPj}：在 j 类照射条件（照射类型、射线能量及射线入射角度）下，个人剂量当量与器官 T 吸收剂量的转换系数，单位为戈瑞每希沃特（Gy/Sv），附录 H 给出了常用的 C_{TPj} 值，其余值可参见《外照射慢性放射病剂量估算规范》（GB/T 16149—2012）；

$H_{Pj}(d)$：在 j 类照射条件下的个人剂量当量，单位为希沃特（Sv）；

C_{KT}：空气比释动能到器官剂量的转换系数，附录 D 给出了部分空气比释动能到睾丸剂量的转换系数，其余值参见《外照射辐射事故中受照人员器官剂量重建规范》（GBZ/T 261—2015）；

C_{KP}：空气比释动能到个人剂量当量与器官 T 的转换系数，这个值是射线能量和入射角的函数，单位为希沃特每戈瑞（Sv/Gy）。附录 E 给出了常用空气比释动能到 $H_{P(10)}$ 的转换系数，其余值参见《外照射辐射事故中受照人员器官剂量重建规范》（GBZ/T 261—2015）。

3.2.4.2 没有监测资料的情况

1. 通用估算方法

若受到外照射的物质中，由任何类型给定能量的带电粒子从 r 点关心体积中带走的能量可由同样能量、同类带电粒子带入该体积的能量给予完全补偿，则称 r 点该体积存在完全的带电粒子平衡（charged particle equilibrium，CPE）。如图 3.2.3 所示，体积 V 含有一种均匀的介质，里面含有一个较小的体积 v，整个 V 受外部电离辐射的均匀照射（即间接致电离辐射的减弱假定可忽略不计）。带电粒子 e 从 p 点处发出，其发射方向相对单向的外部射线的角度均为 θ，其在整个体积 V 中均匀地产生，不一定是各向同性的发射但其方向和能量分布处处相同。如果 V 的边界和内部的较小体积 v 之间的最小间隔距离大于出现于 V 中的带电粒子的最大射程，则在 v 中存在带电粒子平衡。

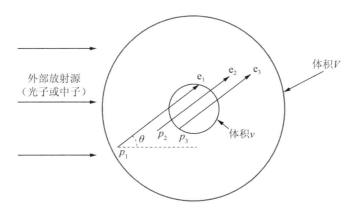

图 3.2.3 外部放射源带电粒子平衡条件

只要带电粒子平衡条件能得到满足，又有射线能量信息时，一般用式（3.2.13）估算器官剂量：

$$D_T = C_{KT} \dot{K} \cdot \frac{(\mu_{en}/\rho)_w}{(\mu_{en}/\rho)_a} t(1-g) \qquad (3.2.13)$$

式中：

C_{KT}：空气比释动能到器官剂量的转换系数，单位为戈瑞每戈瑞（Gy/Gy），附录D给出了部分空气比释动能到睾丸剂量的转换系数，其余值参见《外照射辐射事故中受照人员器官剂量重建规范》（GBZ/T 261—2015）；

$\dot{K}$：人员所处位置的空气比释动能率，单位为戈瑞每小时（Gy/h）；

$(\mu_{en}/\rho)_w$：组织的质量能量吸收系数，常用值参见《外照射辐射事故中受照人员器官剂量重建规范》（GBZ/T 261—2015）；

$(\mu_{en}/\rho)_a$：空气的质量能量吸收系数，常用值参见《外照射辐射事故中受照人员器官剂量重建规范》（GBZ/T 261—2015）；

t：累积受照时间，单位为小时（h）；

g：电离辐射产生的次级电子消耗于韧致辐射的能量占其初始能量的份额。在空气中对于^{60}Co和^{137}Cs射线，$g=0.3\%$，对于光子最大能量小于300 keV的X射线，g值可忽略不计。

2. 有空气比释动能信息

通过监测或利用公式估算出空气比释动能后，用式（3.2.14）估算器官剂量：

$$D_T = C_{KP} C_{TP} K_a \qquad (3.2.14)$$

式中：

C_{KP}：空气比释动能与个人剂量当量的转换系数，单位为希沃特每戈瑞（Sv/Gy），C_{KP}值可查《外照射慢性放射病剂量估算规范》（GB/T 16149—2012）；

C_{TP}：个人剂量当量与器官 T 吸收剂量的转换系数，单位为希沃特每戈瑞（Sv/Gy），C_{TP} 值可参见《外照射慢性放射病剂量估算规范》（GB/T 16149—2012）；

K_a：空气比释动能，单位为戈瑞（Gy）。

3.2.5 中子外照射器官剂量估算方法

3.2.5.1 已知特定能量的中子注量

已知特定能量的中子注量时，器官吸收剂量 D_T（单位为 Gy）可按式（3.2.15）计算：

$$D_T = \sum_j C_{T\Phi j}\Phi_j \tag{3.2.15}$$

式中：

Φ_j：能量为 j 的中子注量，单位为每平方厘米（cm^{-2}）；

$C_{T\Phi j}$：对能量为 j 的中子辐射场，中子注量与器官吸收剂量的转换系数，单位为戈瑞平方厘米（$Gy \cdot cm^2$），对红骨髓的剂量当量转换系数 $C_{T\Phi j}$ 可参见《外照射慢性放射病剂量估算规范》（GB/T 16149—2012）。

3.2.5.2 有个人剂量监测资料

当有按《职业性外照射个人监测规范》（GBZ 128—2019）的要求进行监测的中子个人剂量当量 $H_P(d)$ 时，而且有中子的能量和中子线束入射角信息，可用式（3.2.16）进行器官剂量估算：

$$D_T = \frac{C_{\Phi T}H_P(d)}{C_{\Phi P}} \tag{3.2.16}$$

式中：

$C_{\Phi T}$：中子注量到器官剂量的转换系数，单位为皮戈瑞平方厘米（$pGy \cdot cm^2$），其值参见 GBZ/T 261—2015 附录 G，此时的估算仅适用于全身均匀照射的情况；

$C_{\Phi P}$：中子注量到个人剂量当量的转换系数，单位为皮戈瑞平方厘米（pGy·cm²），其值参见 GBZ/T 261—2015 附录 H，注意此值是入射角的函数；

$H_P(d)$：个人剂量当量，对中子取 $d=10$ cm，单位为希沃特（Sv）。

3.2.5.3 已知中子辐射场周围剂量当量

当有中子辐射场周围剂量当量监测数据和中子能量信息时，可用式（3.2.17）先计算出中子注量，再用式（3.2.15）计算器官剂量。此时的估算仅适用于全身均匀照射的情况。

$$\Phi = \frac{H^*(10)}{C_{\Phi H}} \tag{3.2.17}$$

式中：

$H^*(10)$：周围剂量当量，单位为希沃特（Sv）；

$C_{\Phi H}$：中子注量到周围剂量当量的转换系数，单位为皮希沃特平方厘米（pSv·cm²），其值参见《外照射辐射事故中受照人员器官剂量重建规范》（GBZ/T 261—2015）。

3.2.5.4 已知有中子源发射参数时

有中子源发射参数时，可先用式（3.2.18）计算出中子辐射场的注量，再用式（3.2.15）计算器官剂量。

$$\Phi = \frac{F_n t_n}{4\pi R^2} \tag{3.2.18}$$

式中：

Φ：中子注量，单位为每平方厘米（cm^{-2}）；

F_n：中子源总发射量，单位为每秒（s^{-1}）；

t_n：接触中子的有效时间，单位为秒（s）；

R：离中子源的距离，单位为厘米（cm）。

3.2.6 电子外照射器官剂量估算方法

3.2.6.1 有辐射场注量资料

当有电子辐射场注量和能量信息时,在前后入射(AP)照射条件下,可以用式(3.2.19)计算器官剂量当量:

$$D_T = C_{e\Phi T} \cdot \Phi_e \qquad (3.2.19)$$

式中:

$C_{e\Phi T}$:电子注量到器官剂量的转换系数,单位为皮戈瑞平方厘米(pGy·cm^2),附录F给出了部分器官的电子注量到器官剂量的转换系数,其余值可参见《外照射辐射事故中受照人员器官剂量重建规范》(GBZ/T 261—2015);

Φ_e:电子注量,单位为每平方厘米(cm^{-2})。

3.2.6.2 有辐射场定向剂量当量资料

当有电子辐射场定向剂量当量的监测数据和电子能量信息时,可先用式(3.2.20)计算出电子注量,再计算器官剂量。此时的估算仅适用于全身均匀照射的情况。

$$\Phi_e = \frac{H'(0.07, 0°) R(0.07, \alpha)}{C_{e\Phi H}} \qquad (3.2.20)$$

式中:

$C_{e\Phi H}$:电子注量到周围剂量当量的转换系数,单位为皮希沃特平方厘米(pSv·cm^2),其值参见《外照射辐射事故中受照人员器官剂量重建规范》(GBZ/T 261—2015);

$H'(0.07, 0°)$:入射方向为0°时的浅层定向剂量当量,单位为希沃特(Sv);

$R(0.07, \alpha)$:相对于入射角度为α时的定向剂量当量修正值,其值参见《电离辐射所致皮肤剂量估算方法》(GBZ/T 244—2017)。

3.2.7 核事故不同阶段的物理剂量估算

核事故按照其发展阶段，可以分为早期、中期和晚期。在核事故中估算场外公众的受照剂量，应根据事故的不同阶段考虑主要照射途径和主要放射性核素。

核事故早期是指由出现明显的放射性物质释放先兆（确认可能出现场外辐射后果）到释放开始以后的最初几小时的这段时间。由出现事故到放射性物质开始释放进入大气，一般需要经过 0.5 小时到 1 天或几天。事故早期剂量估算面临的最大困难是事先难以预计事故的发展过程（源项不明确）和气象条件的变化，因此应尽早获得有关放射性物质释放的数据和环境监测结果，这有助于开展早期阶段的剂量估算。

核事故中期是指从放射性物质开始释放后的最初几小时，至几天到几个星期的这段时间。在这个阶段，通常来讲从核设施释放的放射性物质大部分已经进入大气，而且其主要部分已沉积于地面，除非是仅释放放射性惰性气体的情况。放射性物质从释放地点到关注地点的输运时间，通常受释放高度和即时风速、风向等因素影响。在中期阶段，依据已获得的环境监测数据，可确定主要照射途径的预期剂量。

核事故后期又称晚期或恢复期，是指核事故后的几周到几年的这段时间。这一阶段可能持续较长时间，主要取决于核事故的释放特点和放射性物质的释放量。在这一阶段，由于放射性核素衰变、风吹雨淋和有计划的去污等因素，放射性污染水平通常会明显降低。但是，这一阶段要特别关注通过食品、饮用水等途径食入放射性物质对人体产生的内照射剂量。

3.2.7.1 核事故早期剂量估算的模式和参数

在核电站或其他大型核设施发生放射性物质释放的事故早期，主要照射途径是放射性烟羽外照射（γ 和 β 外照射），以及人体吸入烟羽中放射性物质引起的内照射。其他照射途径还包括衣物或皮肤上沉积的 β 核素外照射、地面沉积核素 γ 外照射和吸入再悬浮放射性核素引起的内照射。本部分仅讨论外照射引起的剂量沉积，内照射于 3.3 中讨论。

1. 烟羽外照射剂量估算

（1）烟羽 γ 外照射剂量估算。

放射性烟羽，指的是由核事故泄漏出来的放射性物质会像烟雾般随风扩散。可通过式（3.2.21）基于地面上方 1 m 处 γ 外照射周围剂量当量率来估算在烟羽通过期间 τ 内烟羽中放射性核素所致的 γ 外照射剂量当量 $H_{p\gamma}$（单位为 Sv）：

$$H_{p\gamma} = SF_{p\gamma} \cdot \int_0^\tau \dot{H}_{p\gamma}(t)\,\mathrm{d}t \qquad (3.2.21)$$

式中：

$SF_{p\gamma}$：建筑物对烟羽外照射的屏蔽因子，计算个人剂量时取为 1，计算群体剂量时取为 0.7；

$\dot{H}_{p\gamma}(t)$：t 时刻烟羽产生的在地面上方 1 m 处的 γ 外照射周围剂量当量率，单位为希沃特每秒（$Sv \cdot s^{-1}$）。

可通过式（3.2.22）基于近地面空气中核素的时间积分浓度 Ψ 来估算在烟羽通过期间 τ 内烟羽中放射性核素所致的 γ 外照射剂量当量 $H_{p\gamma}$（单位为 Sv）：

$$H_{p\gamma} = SF_{p\gamma} \cdot \Psi \cdot DCF_{p\gamma} \qquad (3.2.22)$$

式中：

$SF_{p\gamma}$：建筑物对烟羽外照射的屏蔽因子，计算个人剂量时取为 1，计算群体剂量时取为 0.7；

Ψ：近地面空气中核素的时间积分浓度，单位为贝可秒每立方米（$Bq \cdot s \cdot m^{-3}$）；

$DCF_{p\gamma}$：核素单位时间积分浓度与其所致 γ 外照射剂量的转换系数，单位为希沃特立方米每贝可秒（$Sv \cdot m^3 \cdot Bq^{-1} \cdot s^{-1}$），$DCF_{p\gamma}$ 值可参见

《核事故应急情况下公众受照剂量估算的模式和参数》(GB/T 17982—2018)。

(2) 烟羽 β 外照射剂量估算。

空气中放射性惰性气体所致皮肤 β 照射当量剂量 $H_{i\beta}$(单位为 Sv)可用式(3.2.23)表示：

$$H_{i\beta} = SF_\beta \cdot \Psi \cdot DCF_{i\beta} \qquad (3.2.23)$$

式中：

SF_β：衣服和人体对 β 辐射的屏蔽因子，该屏蔽因子与受照个体的习惯、衣着、姿势、季节和时间等因素有关，其时间平均的代表值可取为 0.5，保守估计时可取为 1；

Ψ：近地面空气中放射性惰性气体的时间积分浓度，单位为贝可秒每立方米($Bq \cdot s \cdot m^{-3}$)；

$DCF_{i\beta}$：惰性气体单位时间积分浓度与其所致皮肤 β 照射当量剂量的转换系数，单位为希沃特立方米每贝可秒($Sv \cdot m^3 \cdot Bq^{-1} \cdot s^{-1}$)，$DCF_{i\beta}$ 值可参见《核事故应急情况下公众受照剂量估算的模式和参数》(GB/T 17982—2018)。

空气中放射性核素所致皮肤 β 照射当量剂量 $H_{a\beta}$(单位为 Sv)可用式(3.2.24)表示：

$$H_{a\beta} = SF_\beta \cdot \Psi \cdot DCF_{a\beta} \qquad (3.2.24)$$

式中：

SF_β：衣服和人体对 β 辐射的屏蔽因子，取值同前；

Ψ：近地面空气中放射性核素的时间积分浓度，单位为贝可秒每立方米($Bq \cdot s \cdot m^{-3}$)；

$DCF_{a\beta}$：放射性核素单位时间积分浓度与其所致皮肤 β 照射当量剂量的转换系数，单位为希沃特立方米每贝可秒($Sv \cdot m^3 \cdot Bq^{-1} \cdot s^{-1}$)，

$DCF_{a\beta}$ 值可参见《核事故应急情况下公众受照剂量估算的模式和参数》(GB/T 17982—2018)。

2. 地面沉积核素 γ 外照射剂量

(1) 基于地面沉积核素表面比活度估算。

地面沉积核素所致外照射剂量当量 $H_{g\gamma}$（单位为 Sv）可用式 (3.2.25) 表示：

$$H_{g\gamma} = SF_\gamma \cdot C_g \cdot DCF_g \tag{3.2.25}$$

式中：

SF_γ：考虑了人员在室内居留份额的时间平均建筑物屏蔽因子；

C_g：地面沉积核素表面比活度，单位为贝可每立方米（$Bq \cdot m^{-2}$）；

DCF_g：假定受照人员在室外给定时间 τ 内停留时地面沉积核素单位表面比活度与其所致积分全身剂量的转换系数，单位为希沃特平方米每贝可（$Sv \cdot m^2 \cdot Bq^{-1}$），对事故早期，τ 一般取第 1 周，附录 G 给出了部分核素的 DCF_g 值，其余值可参见《核事故应急情况下公众受照剂量估算的模式和参数》(GB/T 17982—2018)。

时间平均建筑物屏蔽因子 SF_γ 取决于建筑物的屏蔽作用和人员在室内的居留时间份额（无量纲），其表达式为：

$$SF_\gamma = 1 + X(S-1) \tag{3.2.26}$$

式中：

X：人员在建筑物内的居留因子，参考值为 0.8；

S：建筑物的屏蔽因子（建筑物内的剂量率与建筑物外的剂量率之比）。屏蔽因子受建筑物类型、结构、材料、门窗面积、居住者习惯等诸多因素的影响，使用时根据具体情况确定，其参考值可参见《核事故应急情况下公众受照剂量估算的模式和参数》(GB/T 17982—2018)。

(2) 基于地面上方 1 m 处 γ 剂量当量率估算。

地面沉积核素所致外照射剂量当量 $H_{g\gamma}$（单位为 Sv）可用式（3.2.27）表示：

$$H_{g\gamma} = SF_\gamma \cdot \dot{H}_\gamma \cdot \frac{1-e^{\lambda\tau}}{\lambda} \quad (3.2.27)$$

式中：

SF_γ：考虑了人员在室内居留时间份额的时间平均建筑物屏蔽因子，计算方法同前；

$\dot{H}_\gamma$：地面沉积核素产生的在地面上方 1 m 处的 γ 照射剂量当量率，单位为希沃特每秒（$Sv \cdot s^{-1}$）；

λ：核素的有效衰变常数，单位为每秒（s^{-1}）；

τ：积分时间，单位为秒（s），通常取为 6.048×10^5 s（1 周）。

核素有效衰变常数 λ 的计算方法为：

$$\lambda = \lambda_R + \lambda_W \quad (3.2.28)$$

式中：

λ_R：核素的物理衰变常数；

λ_W：地面沉积清除速率常数，与核素再悬浮、降水冲洗、核素向下转移有关，对放射性碘同位素 λ_W 取 3.17×10^{-9} s^{-1}，对其他核素 λ_W 取 3.17×10^{-10} s^{-1}。

3.2.7.2 核事故中期剂量估算的模式和参数

核事故中期是从开始释放放射性物质后的最初几小时，一直至几天到几个星期的这段时间。在这个阶段，通常大部分释放已经出现，且大部分放射性物质已沉积于地面，而惰性气体释放时情况则不同。在核电站或其他大型核设施发生放射性物质释放的核事故中期，主要照射途径是地面沉积放射性核素的外照射，以及通过食品、饮用水摄入放射性物质引起的内照射。其他照射途径还包括吸入再悬浮核素的内照射等。核事故中期的剂量估算可更多立足于监测数据评价,并适当结合模式评价。

1. 地面沉积核素外照射剂量

(1) 基于地面沉积核素表面比活度估算。

基于地面沉积核素表面比活度 C_g 可通过式(3.2.29)进行地面沉积核素所致外照射剂量当量 $H_{g\gamma}$ 的估算:

$$H_{g\gamma} = SF_\gamma \cdot C_g \cdot DCF_g \quad (3.2.29)$$

式中:

SF_γ:考虑了人员在室内居留时间份额的时间平均建筑物屏蔽因子;

C_g:地面沉积核素表面比活度,单位为贝可每平方米($Bq \cdot m^{-2}$);

DCF_g:假定受照人员在室外给定时间 τ 内停留时地面沉积核素单位表面比活度与其所致积分全身剂量的转换系数,单位为希沃特平方米每贝可($Sv \cdot m^2 \cdot Bq^{-1}$),附录 G 给出了部分核素的 DCF_g 值,其余值可参见《核事故应急情况下公众受照剂量估算的模式和参数》(GB/T 17982—2018)。

剂量转换系数 DCF_g 的计算:

$$DCF_g = \int_0^{1a} \dot{H}_\gamma(t) \, dt \quad (3.2.30)$$

式中:

$\dot{H}_\gamma(t)$:单位表面比活度所致 γ 剂量当量率,单位为希沃特平方米每贝可秒($Sv \cdot m^2 \cdot Bq^{-1} \cdot s^{-1}$),$\dot{H}_\gamma(t)$ 值可参见《核事故应急情况下公众受照剂量估算的模式和参数》(GB/T 17982—2018)。

(2) 基于地面上方 1 m 处 γ 剂量当量率估算。

地面沉积核素所致第 1 年积分有效剂量 $H_{g\gamma}$(单位为 Sv):

$$H_{g\gamma} = SF_\gamma \cdot \dot{H}_\gamma(t=0) \cdot \theta \quad (3.2.31)$$

式中:

SF_γ:考虑了人员在室内居留时间份额的时间平均建筑物屏蔽因子;

$\dot{H}_\gamma(t=0)$:地面沉积核素在峰值时刻($t=0$)产生的在地面上方 1 m

处的 γ 照射剂量当量率，单位为希沃特每秒（Sv·s⁻¹）；

θ：地面沉积核素在峰值时刻（$t=0$）单位 γ 剂量当量率所致第 1 年积分剂量当量与地面沉积核素峰值时刻在地面上方 1 m 处产生的 γ 剂量当量率的比值，单位为秒（s）。

θ 计算如下：

$$\theta = \frac{\int_0^{1a} \dot{H}_\gamma(t)\,\mathrm{d}t}{\dot{H}_\gamma(t=0)} \tag{3.2.32}$$

式中：

$\dot{H}_\gamma(t)$：地面沉积核素在 t 时刻产生的在地面上方 1 m 处的 γ 剂量当量率，单位为希沃特每秒（Sv·s⁻¹）；

$\dot{H}_\gamma(t=0)$：地面沉积核素在峰值时刻（$t=0$）产生的在地面上方 1 m 处的 γ 剂量当量率，单位为希沃特每秒（Sv·s⁻¹），θ 参考值可参见《核事故应急情况下公众受照剂量估算的模式和参数》（GB/T 17982—2018）。

3.2.7.3 核事故后期剂量估算的模式和参数

核事故后期是指自事故中期以后至几周到几年的这段时间。在核电站或其他大型核设施发生放射性物质释放的核事故后期，主要照射途径是摄入被污染的食品和饮用水引起的内照射。其他照射途径还包括地面沉积核素的外照射、吸入再悬浮核素的内照射等。核事故后期剂量估算的模式和参数可参考核事故前期和中期，这里不再赘述。由于核事故后期通常有更多的监测数据，可结合多种模式进行剂量估算。

3.2.7.4 公众成员平均有效剂量和集体有效剂量估算

1. 公众成员平均有效剂量的估算

核事故导致放射性物质释放后，公众成员通常受到多种途径照射，并同时受到多种放射性核素的照射，由各核素和各照射途径所致公众成员平均有效剂量 E（单位为 Sv）为：

$$E = \sum_T W_T \sum_i \sum_p H_{ip} \qquad (3.2.33)$$

式中：

W_T：器官或组织 T 的组织权重因数，W_T 值可参见《核事故应急情况下公众受照剂量估算的模式和参数》（GB/T 17982—2018）；

H_{ip}：器官或组织 T 所受核素 i 经照射途径 p 所致当量剂量或待积当量剂量，单位为希沃特（Sv）。

2. 公众成员集体有效剂量估算

给定半径范围内的公众成员集体有效剂量 S（单位为 man·Sv）为：

$$S = S(A) + S(W) \qquad (3.2.34)$$

式中：

$S(A)$：给定半径范围内经大气途径产生的公众成员集体有效剂量，单位为人·希沃特（man·Sv）；

$S(W)$：给定半径范围内经水体途径产生的公众成员集体有效剂量，单位为人·希沃特（man·Sv）。

经大气途径产生的集体有效剂量 $S(A)$ 为：

$$S(A) = \sum_d P_d \sum_a E_{ad} f_{ad} \qquad (3.2.35)$$

式中：

P_d：d 子区的公众成员人口数，单位为人；

E_{ad}：d 子区 a 年龄组公众成员经大气途径产生的平均个人有效剂量，单位为希沃特（Sv）；

f_{ad}：d 子区内 a 年龄组公众成员在该子区人口中的比例。

经水体途径产生的集体有效剂量 $S(W)$ 为：

$$S(W) = \sum_d P_d \sum_a E_{ad} f_{ad} \qquad (3.2.36)$$

式中：

P_d：d 子区的公众成员人口数，单位为人；

E_{ad}：d 子区 a 年龄组公众成员经水体途径产生的平均个人有效剂量，单位为希沃特（Sv）；

f_{ad}：d 子区内 a 年龄组公众成员在该子区人口中的比例。

3.2.8 物理剂量估算的模型和参数

3.2.8.1 不同照射类型的物理剂量估算

核辐射事故照射情况下，受照人员体内吸收剂量的分布通常是不均匀的。一般地，当不同部位吸收剂量值的变化因子≤3 时称为相对均匀照射，变化因子>3 时称为非均匀照射。

1. 红骨髓计权平均剂量

（1）红骨髓活存计权等效剂量。

目前，对不均匀照射还没有可适用于各种剂量范围的剂量表达方式。在引起骨髓型放射病的剂量范围内，对非均匀照射的情形，可使用红骨髓活存计权等效剂量 D_{sw} 来评估受照者剂量，这种方法在近年来核事故受照人员的剂量估算中，取得了较满意的效果。

在事故剂量的计算中，所采用的计算模型通常只考虑含有红骨髓的躯干、肢体上端和头颈部。计算中通常沿体轴方向将模型分为 17 层（头颈部 5 层，躯干部 12 层），各层所在的部位和编号可参见《放射事故个人外照射剂量估算原则》（GBZ/T 151—2002）。可根据实际要求把每个计算层划分为若干个小立体单元，首先计算出各单元的剂量，再进一步计算其他所考虑的剂量。

受照者全身造血干细胞活存率 S_n 由式（3.2.37）计算：

$$S_n = \frac{1}{W}\int_{D_{\min}}^{D_{\max}} m(D) S_n(D) \mathrm{d}D \quad (3.2.37)$$

式中：

W：全身红骨髓的总质量，单位为克（g）；

D：红骨髓的吸收剂量，单位为戈瑞（Gy）；

$m(D)\mathrm{d}D$：受照剂量为 D 至 $D+\mathrm{d}D$ 的红骨髓质量，单位为克（g）；

$S_n(D)$：均匀照射条件下，受照剂量为 D 时的造血干细胞活存率。

$S_n(D)$ 的一般表达式为：

$$S_n(D) = 1 - (1 - e^{-D/D_0})^n \tag{3.2.38}$$

式中：

D_0：半致死剂量，单位为戈瑞（Gy，一般取 0.85~1.37 Gy）；

n：常数（一般取 1~1.5）。

根据式（3.2.37）求得非均匀照射条件下的造血干细胞活存率 S_n，将它作为均匀照射条件下的造血干细胞活存率，代入 $S_n(D)$ 的计算公式，反解出 D，即为红骨髓活存计权等效剂量 D_{sw}。

（2）红骨髓质量计权平均剂量。

对于相对均匀照射的情况，可使用式（3.2.39）计算红骨髓质量计权平均剂量 D_{rw}：

$$D_{rw} = \frac{\sum_{i=1}^{k} D_i W_i}{\sum_{i=1}^{k} W_i} \tag{3.2.39}$$

式中：

D_i：第 i 体积内红骨髓的吸收剂量，单位为戈瑞（Gy）；

W_i：第 i 体积内红骨髓的质量，单位为克（g）。

2. 平均吸收剂量

对于相对均匀照射的情况，可以用式（3.2.40）计算受照者的剂量。全身平均吸收剂量 D_{aw} 为：

$$D_{aw} = \frac{\sum_{i=1}^{k} D_i m_i}{\sum_{i=1}^{k} m_i} \tag{3.2.40}$$

式中：

D_i：第 i 体积内组织的吸收剂量，单位为戈瑞（Gy）；

m_i：第 i 体积内组织的质量，单位为克（g）。

3.2.8.2 分次及延时照射估算的模式和参数

通常情况下，辐射事故造成受照者在短时间内受到一次性大剂量照射，但也有可能受到分次照射或延时照射的情况。分次照射是指在较长时间内受到多次、间歇性照射。延时照射是指在长时期内受到低剂量率连续或间断性照射。对低 LET 射线，分次和延时照射通常比一次等剂量的急性照射所导致的辐射效应小。为估算和评价分次、延时照射的辐射效应，需要把分次、延时照射的累积剂量归一为一次急性照射等效剂量，但目前还没有成熟、一致的归一方法。现根据事故患者资料总结出经验公式，可参考使用。

1. 分次照射的等效剂量

计算分次照射等效为一次照射的剂量，可采用以下几种方法：

（1）时间-剂量分次因子方法。

一次等效剂量（nominal standard dose，NSD）的计算公式如式（3.2.41）：

$$\mathrm{NSD} = \mathrm{TDF}^{1/1.538} \tag{3.2.41}$$

其中，时间-剂量分次因子（time-dose fractionation factor，TDF）的表达式为：

$$\mathrm{TDF} = nd^{1.538}X^{-0.169} \tag{3.2.42}$$

式中：

n：分割照射次数；

d：分次照射剂量，单位为戈瑞（Gy）；

X：分次照射时间间隔，单位为天（d）。

适用条件：$n \geq 4$，数值上 $X = 7/f$，f 为每周分次照射频率。

总累积时间-剂量分次因子 TDF_{total} 可由 TDF 相加得到，即：

$$\text{TDF}_{total} = \sum_{i=1}^{k} \text{TDF}_i \tag{3.2.43}$$

式中：

TDF_i：第 i 分次照射程序的时间-剂量分次因子。

对两个分次照射程序的间隙用衰减因子（decay factor, DF）进行修正，其计算公式为：

$$\text{DF}_i = \left(\frac{T_i}{T_i + R}\right)^{0.11} \tag{3.2.44}$$

式中：

T_i：第 i 分次照射的持续时间，单位为天（d）；

R：第 i 分次照射与第 $i+1$ 分次照射之间的时间间隔，单位为天（d）。

经过 k 个分次照射的一次等效剂量为：

$$\text{NSD} = \sum_{i=1}^{k} (\text{TDF}_i)^{1/1.538} \text{DF}_i \cdots \text{DF}_{k-1} \tag{3.2.45}$$

式中：

TDF_i：第 i 分次照射程序的时间-剂量分次因子；

DF_i：第 i 分次照射程序与第 $i+1$ 分次照射程序间的衰减因子。

（2）累积辐射方法。

累积辐射效应（cumulative radiation effect, CRE）的计算公式为：

$$\text{CRE} = n^{0.65} d X^{-0.11} \tag{3.2.46}$$

式中：

CRE：一次等效剂量，单位为戈瑞（Gy）；

n：分割照射次数；

d：分次照射剂量，单位为戈瑞（Gy）；

X：分次照射时间间隔，单位为天（d）。

(3) Ellis 经验公式。

NSD 的计算公式如下：

$$\mathrm{NSD} = Dn^{-2.4}T^{-0.11} \quad (3.2.47)$$

式中：

D：总累积剂量，单位为戈瑞（Gy）；

n：分割照射次数；

T：照射总时间，单位为天（d）。

适用条件：$4 \leqslant n \leqslant 35$，$3 \leqslant T \leqslant 100$。

2. 延时照射的等效剂量

计算分次照射等效为一次照射的剂量，可采用式（3.2.48）：

$$\mathrm{ED} = \frac{D}{1+K/\sqrt[3]{\dot{D}}} \quad (3.2.48)$$

式中：

ED：等效为一次照射的剂量；

D：延时照射的累积剂量，单位为戈瑞（Gy）；

$\dot{D}$：延时照射的剂量率，单位为戈瑞每分（Gy·min^{-1}）；

K：常数，对健康人 $K=0.475$，对白细胞减少症患者 $K=0.237$。

此方法适用于照射时间小于 100 d 的照射。

如果考虑致死效应，则：

$$\mathrm{ED} = DT^{-0.26} \quad (3.2.49)$$

式中：

D：延时照射的累积剂量，单位为戈瑞（Gy）；

T：延时照射的总时间，单位为周。

3.2.9 蒙特卡罗方法

蒙特卡罗方法是当前研究辐射防护问题的常用方法，其本质上是基于概率统计的模拟计算方法。该方法的基本思想是把需要求解的问题转换为具有随机性的事件，再进行大量重复，统计各种可能出现的结果，通过对要求解的问题使用计算模型将二者联系起来，最后进行统计抽样，从而获得近似解，所以该方法也可以被叫作随机抽样或统计实验法。

从剂量学和相互作用理论角度，放射事故中受照人员的剂量估算问题可视为由源项特征、人员特征和环境特征决定的辐射场中特定类型射线及其次级粒子的输运和能量沉积定量过程。对此复杂过程而言，蒙特卡罗方法是目前公认的最准确的计算方法之一。过去由于受到设备、场所、经济等条件的限制，为了求得想要的结果必须借助于理论分析与计算，而现在随着计算机技术的发展，蒙特卡罗方法可以越来越逼真地描述物理过程，因此在一定程度上可以代替物理实验，在收集了源项、受照模式等信息的基础上，可以对事故剂量进行估算，同时也可给出器官剂量，为人员救治和应急决策提供依据。

蒙特卡罗方法在模拟粒子输运问题与物理模拟计算方面具有独特的优势，其主要体现在以下几个方面：结果的收敛性和收敛的速度与问题维数无关，计算结果的误差大小只与样本容量以及标准差有关，而与样本中元素所在空间无关；计算实现方法及算法程序结构简单，蒙特卡罗计算程序是基于详细的粒子与物质作用截面数据库通过多次的简单重复抽样实现，便于程序编写和错误检查；适应性强，计算结果受问题条件约束较小；对于模拟概率性质的物理问题有其他数值计算方法不可替代的作用。

综上，在核应急物理剂量估算中，蒙特卡罗方法有着不可替代的作用。

3.2.9.1 常用软件

目前常用蒙特卡罗模拟计算软件有 EGS4、Geant4、FLUKA、MCNP、PHITS 等。

EGS4 是英文 Electron-Gamma Shower Four 的缩写,即电子伽马光子簇射模拟。EGS4 初期的发展主要是为了研究高能物理领域的问题,如设计六边形的复杂的大型探测器、计算光子探测效率、修正探测器所探测到的图像。随着它的推广,EGS4 计算程序在国际上应用广泛,尤其在辐射物理和医学物理等方面有着越来越广泛的应用。在辐射物理方面,其主要用于计算加速器各部位的辐射剂量、设计屏蔽系统以及研制剂量测量仪等;在医学物理方面,主要用于计算模拟粒子在人体模型中产生的剂量分布及衰减、计算在医疗过程中器官所吸收的剂量、确定医疗方案等。在西欧和北美的一些国家,EGS4 已被广泛应用在医院,用于辐射治疗和辐射检测中的剂量计算。EGS4 还可以用于探矿和农业方面。其可靠性获得广泛证明,得到国际社会的高度评价。

MCNP(Monte Carlo N Particle Transport)是美国洛斯阿拉莫斯(Los Alamos)国家实验室蒙特卡罗(Monte Carlo)小组研制的用于粒子输运的大型多功能蒙特卡罗程序,可以处理光子、中子与电子的粒子耦合输运问题,并配有可视化软件 Vised。MCNP 可以计算的能量范围广,能构建复杂的几何模型,拥有详细的各种粒子的截面数据库,同时提供了各种各样的减方差技术,可以使用较少的粒子数取得准确的结果。MCNP 的应用范围非常广,包括医学放疗物理剂量计算、医学影像检查安全评估、加速器屏蔽设计与优化、探测器设计、工业辐射防护优化设计等。

PHITS(Particle and Heavy Ion Transport code System)是由日本原子能机构联合其他单位共同开发的蒙特卡罗粒子输运程序,主要应用于加速器设计、转换靶设计、放射医学以及天文学等领域,可以在较广的能量范围内模拟包括中子、质子、光子、电子、介子和重带电粒子在内的几乎所有粒子的输运问题。该软件可以通过使用多个核反应模型和数据库来传输运算能量高达 1 TeV 的粒子，基于对 50 多个辐照场景的研究对程序进行了全面验证。

FLUKA（FLUktuierende KAskade）最早是 20 世纪 60 年代欧洲核子研究组织（CERN）编写的一套高能蒙特卡罗输运程序，后经过长时间的发展，FLUKA 逐步发展成为今天广泛适用于高能加速器辐射计算、辐射屏蔽防护、同位素计算、辐射剂量和医学物理剂量计算等领域的通用蒙特卡罗程序，可以在 Linux 和 UNIX 系统下运行。FLUKA 在 2019 年之前由意大利核物理研究所（INFN）和 CERN 共同维护更新，但在 2019 年 9 月结束合作之后二者各自独立开发后续版本。

Geant4（GEometry ANd Tracking，几何和跟踪）是由 CERN 基于 C++面向对象技术开发的蒙特卡罗应用软件包，用于模拟粒子在物质中输运的物理过程。相对于 MCNP、EGS 等商业软件来说，它的主要优点是源代码完全开放，用户可以根据实际需要更改、扩充 Geant4 程序。CERN 和日本高能加速器研究中心（KEK）在 1993 年曾经研究如何在 Geant3 中使用现代化的计算机技术，后来 CERN 的探测器研究委员会组织了来自俄罗斯、加拿大、日本和美国等国家的几十个实验室、高校和研究机构的超过 100 名科学家和工程师进行合作，基于 C++语言，利用面向对象的程序设计技术对已有的模拟程序进行重新构造。这项工程被称为 RD44，初步研究在 1998 年 12 月完成，随后在 1999 年 2 月 Geant4 建立，并且在不断发展和完善的过程中得到了用户的支持和维护。Geant4 已经广泛应用于核物理、核技术、空间物理、医学研究等领域。

3.2.9.2 人体体模

物理剂量直接测量方法可以给出直观结果，但其通常需要在实验室对样品进行检测分析，所以很难在事故早期及时给出剂量估算值以决定下一步处置措施，而且在非均匀受照情况下也很难估算器官剂量。为开展辐射受照物理剂量估算而开发的数字化仿真人体计算模型按照时间发展顺序，大致经历了三代，即数学人体模型、体素人体模型和曲面人体模型。

数学人体模型（Mathematical Phantom）又称程式化人体模型（Stylized Phantom），它是用数学公式表示的圆柱、圆锥、椭球等二次曲面及其组合来构建人体外形和内部器官，典型的数学人体模型包括 MIRD 模体和 ORNL 模体等。数学人体模型发展几十年来，在外照射器官剂量计算中得到广泛应用，但其使用的简单几何形状与人体真实结构存在较大差异，因此其计算的剂量值与之后使用更精细的人体模型的计算值之间也存在一定差异（部分器官甚至差异较大）。

体素人体模型（Voxel Phantom）是基于计算机体层成像（CT）或者核磁共振（NMR）构建的，图像中每个像素代表一个二维组织元，再将二维图像层叠起来，由组织体素元构成三维人体。有代表性的体素人体模型有 VIP-man、NORMAN、KTMAN、CAM 等。体素人体模型对人体结构的描述较为精确，因此使用它进行剂量计算的结果较为可信，但缺点是它只能完全按照被扫描的人体姿态来构建，不能进行姿态变形。

曲面人体模型（BREP Phantom）是用一组曲面围成的封闭空间来描述三维物体，它的主要优势是易于调整组织和器官的体积以及改变人体模型的姿态。这样就可以根据事故受照人员的体型（身高、体重）和受照时的姿势进行受照剂量模拟计算，其计算结果更加符合实际情况。目前开发出的曲面人体模型主要包括 RPI 系列、UF 系列、PSRK-Man、CRAM_S 等。成年人体模型图像见图 3.2.4。

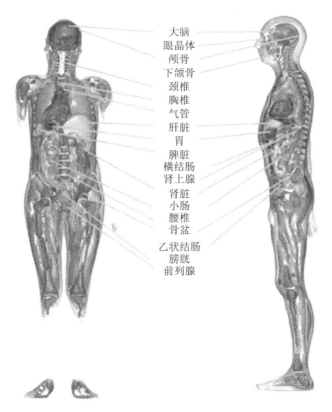

图 3.2.4 成年人体网格型计算体模的冠状面图像（左）和矢状面图像（右）①

3.3 内照射剂量估算

内照射（internal exposure）是指放射性核素进入生物体，使生物受到来自内部的射线照射。内照射剂量估算比外照射剂量估算所涉及的因素更为复杂，放射性核素所处的环境、物理化学性质、进入人体内的途径、个

---

① KIM C H, YEOM Y S, PETOUSSI-HENSS N, et al. Adult mesh-type reference computational phantoms [M]. London: SAGE Ltd, 2020.

人代谢特点、所采用的计算模式等因素都与内照射剂量估算有关。

估算内照射剂量首先要确定放射性核素进入体内的途径、种类及其物理化学性质,再利用有关检测数据(环境检测数据,人体排泄物如尿、粪和鼻拭的测量数据,体内放射性核素的辐射强度或组织样品中核素的活度数据等)推算体内积存量,给出个体某器官或组织内核素的活度,最后在此基础上,利用通用的公式计算出器官或组织的吸收剂量或剂量当量,主要流程如图 3.3.1 所示。

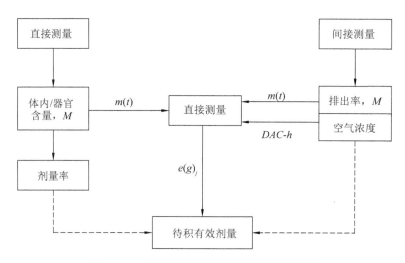

图 3.3.1　直接和间接测量数据估算有效剂量

3.3.1　摄入途径和模型

不同的核素具有不同的转移和滞留特性,进入人体的放射性核素会通过血液转移到人体的器官或组织中去,从而对其滞留的器官或组织以及周围器官或组织造成持续的照射;同时放射性核素也会不断地通过粪便、尿液等途径排出体外。

沉积有放射性核素的器官称为源器官。源器官中放射性核素产生的辐射将对它本身及邻近的其他器官形成照射,受到照射的器官称为靶器官,源器官本身也是靶器官，而且是最主要的靶器官。具体沉积情况与核素种类及其化合物的形态有关，如氚的化合物分布在整个人体，整个人体受到相同的照射，而^{131}I的化合物浓集于甲状腺，^{239}Pu的化合物浓集于肺部和骨骼。

源器官中沉积的放射性核素的量会由于自发的核衰变和生理代谢过程而减少。其中，核衰变减少按指数规律，用半衰期 T（或衰变常数 λ）描述其衰变的快慢。对大多数核素来说，因生理代谢过程而减少的规律也近似遵循指数规律，可以用生物半排期 T_b（或生物衰变常数 λ_b）来描述其减少情况，这意味着进入体内的放射性物质总的减少规律如下：

$$q(t) = q_0 e^{\left(-\frac{0.693t}{T_e}\right)} \quad (3.3.1)$$

式中：

q_0：起始时刻（$t=0$）体内器官中放射性核素的量；

$q(t)$：经过 t 时间后体内器官中放射性核素的量；

T_e：有效半减期（effective half-time），表示沉积在体内的放射性核素自体内排出的速度，它是指体内放射性核素沉积量经放射性衰变和生物排出使放射性活度减少一半所需要的时间。

某放射性核素的有效半减期 T_e 取决于该核素的物理半衰期（physical half-life，T_p）和生物半排期（biological half-time，T_b），存在以下关系：

$$\frac{1}{T_e} = \frac{1}{T_p} + \frac{1}{T_b} \quad (3.3.2)$$

一般采用 ICRP 推荐的摄入、转移和排泄路径及通用模型、胃肠道数学模型和人体呼吸道数学模型进行剂量估算。描述核素在人体内摄入、转移和排泄路径的示意图如图 3.3.2，不同隔室单元中核素动力学行为的通用模型见图 3.3.3。

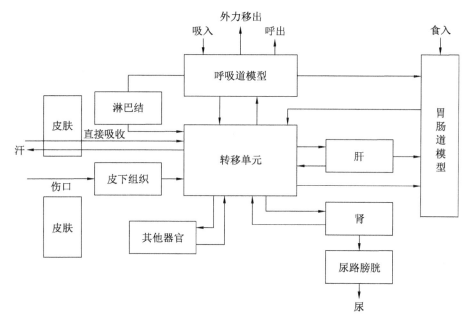

图 3.3.2　核素在人体内摄入、转移和排泄路径

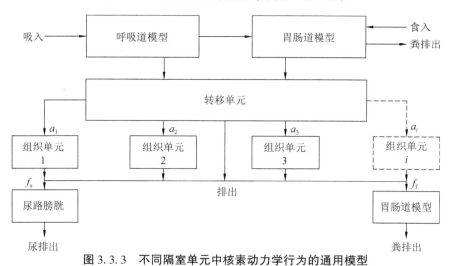

图 3.3.3　不同隔室单元中核素动力学行为的通用模型

注：a_1、a_2、a_3、a_i 为转移单元向组织单元转移的系数，f_u 为组织单元向尿路膀胱转移的系数，f_f 为组织单元向胃肠道模型转移的系数。

3.3.1.1 呼吸道模型

呼吸道模型（human respiratory tract model，HRTM）用于估算通过呼吸方式摄入放射性核素的数学模式。HRTM 分为鼻前部气道 ET_1、咽喉 ET_2（由鼻后部和口气道组成）、气管和主支气管 BB、细支气管 bb 和小泡空隙 AI（气体交换）五个区。ET_1 和 ET_2 合称头部气道 ET，淋巴细胞与这个区有关。BB、bb 和 AI 是胸部的三个区。

HRTM 适用于所有人群的男性和女性，对职业人员、公众、1 岁以上的儿童及小于 1 岁的婴儿应使用各自的参考值。HRTM 可用来计算肺的平均剂量和呼吸道其他组织的剂量，已考虑了不同组织的辐射敏感度。用于摄入量和剂量计算的人体呼吸道数学模型见图 3.3.4。

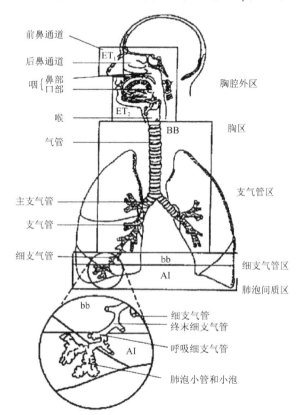

图 3.3.4 用于摄入量和剂量计算的人体呼吸道数学模型

3.3.1.2 胃肠道模型

胃肠道模型（gastrointestinal tract model，GITM）是用于估算通过食入方式摄入放射性核素的数学模式。ICRP 胃肠道模型通常分为胃、小肠、大肠上段和大肠下段四个部分。在计算有效剂量时，这四个部分按独立的器官对待。在剂量估算时，食入物质在胃肠道模型的胃、小肠、大肠上段和大肠下段四个部分中的停留时间分别取为 1 h、4 h、13 h 和 24 h。核素的吸收通常发生在小肠部分。核素直接从消化道吸收到体液的分数 f_1 默认值的选择首先取决于化学元素的种类，其次取决于是职业照射还是公众照射。对于职业照射，可根据已知或假定的化学形式采用的默认吸收类型来选择该值；对于公众照射，则根据采用的默认吸收类型和年龄组别来选择。用于摄入量和剂量计算的胃肠道数学模型见图 3.3.5。

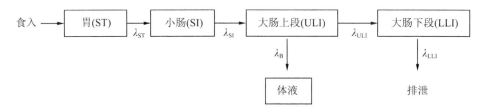

图 3.3.5　摄入量和剂量计算的胃肠道数学模型

3.3.2　摄入量和内照射剂量的估算

摄入量（intake）是指通过吸入，食入或经由完好皮肤、伤口进入体内的放射性核素的量。在 ICRP 的剂量系数估算方法确立之后，内照射剂量估算的主要问题转化为摄入量估算的问题。常用的监测方法有对排泄物及其他生物样品分析的间接测量、对全身或局部器官中放射性核素的直接测量和对空气样品的分析。

当放射性核素摄入量产生的待积有效剂量接近或超过年剂量限值时，一般需要受照个体和污染物的有关数据，包括放射性核素的理化状态、核素的粒子大小、核素在受照个体内的滞留特性、鼻腔分泌物及皮肤污染水平、空气活度浓度和表面污染水平等。然后综合分析利用这些数据，给出合理的摄入量估计值。

3.3.2.1 放射性核素体外测量与摄入量的估算

全身或器官中放射性核素的体外直接测量，简称体外直接测量。体外直接测量技术是一种通过全身监测和局部体外监测，从体外测量全身或器官内放射性核素发射的射线来定量分析体内核素活度，来确定全身或器官中放射性物质含量的技术，通过该技术可进一步估算放射性核素的摄入量和待积剂量。体外直接测量主要用于发射特征 X 射线、γ 射线、正电子和高能 β 粒子的放射性核素，也可用于某些发射特征 X 射线的 α 辐射体，如 ^{59}Fe、^{60}Co、^{85}Sr、^{131}I、^{235}U、^{239}Pu、^{241}Am 等。

用于全身或器官放射性核素含量的体外直接测量设备由一个或多个安装在低本底环境下的高效率探测器组成。探测器的几何位置应符合测量目的，对于发射 γ 射线的裂变产物和活化产物，如 ^{131}I、^{137}Cs 和 ^{60}Co，可用能在工作场所使用的较简单的探测器进行监测；对少数放射性核素如钚的同位素，则需要高灵敏度探测技术。

测量人体内放射性核素的仪器为全身计数器，主要由探测器、屏蔽铅室、电子元器件、数据处理系统等构成。其中，电子元器件又包括前置放大器、主放大器、模数转化器（ADC）、高压电源（HPS）和多道分析仪。常用的全身计数器有两种：一种是高纯锗（HPGe）探测器，其能量分辨率高、效率相对低；另外一种是 NaI（Tl）探测器，探测效率较高，但能量分辨率相对低。因此，应根据测量目的和要求，选择合适的体外探测器的种类和组合。

进行体外直接测量前应进行人体表面去污，当伤口受到多种放射性核素污染时，应采用具有能量甄别本领的探测器。伤口探测器应配有良好的准直器，以便对放射性污染物进行定位。如果放射性核素污染的伤口中有发射高能量 γ 射线的放射性物质，通常可用 β-γ 探测器；当污染物为某些能发射特征 X 射线的 α 辐射体时，可用 X 射线探测器。

得到体内放射性核素活度后，其摄入量 I（单位为 Bq）的估算按式（3.3.3）：

$$I = \frac{M}{m(t)} \tag{3.3.3}$$

式中：

M：测得的摄入放射性核素 t 天后体内或器官内核素的含量，单位为贝可（Bq）；

$m(t)$：摄入单位活度核素 t 天后体内或器官内该核素的含量，单位为贝可每贝可（Bq/Bq），对于不同核素，$m(t)$ 值可参见《职业性内照射个人监测规范》（GBZ 129—2016）。

3.3.2.2 排泄物分析与摄入量的估算

排泄物或其他生物样品中放射性核素的分析，简称排泄物分析。对不发射 γ 射线或只发射低能 X/γ 射线的核素（如氚），无法在体外直接测量体内放射性活度，只能通过排泄物等生物样品的放射性测量来估算其摄入量。对发射高能 β/γ 射线的核素，也可以采用排泄物测量的方法作为体外直接测量的验证和补充。通常检测的排泄物是尿样，但对于主要通过粪便排泄的核素或自肺部廓清的 S 类物质，则需要开展粪样分析。

尿样在收集、储存和分析的过程中要避免受到外来核素污染。为估算人体每天经尿排出的总活度，需要收集 24 h 全尿；如果无法收集 24 h 尿样，则要利用尿中肌酐含量修正到 24 h 尿样。氚则只需要测量活度浓度即可估算摄入量，所以只需采集少量尿样。为减少核素经尿排出的日涨落因素影响，可测量连续 3 天尿的混合样，取平均值作为中间一天的日排量。对于粪样，由于核素通过粪便排出的日涨落波动幅度较大，通常要收集连续几天的粪样进行测量。

排泄物中 γ 核素活度可用闪烁体探测器或半导体探测器测量，α/β 核素活度应采用放化方法分离后进行测量。得到单日排出的放射性核素活度后，摄入量 I（单位为 Bq）按式（3.3.4）估算：

$$I = \frac{M}{m(t)} \tag{3.3.4}$$

式中：

M：测得的摄入放射性核素 t 天后的日排泄量，单位为贝可每天（$Bq \cdot d^{-1}$）；

$m(t)$：摄入单位活度核素 t 天后日排泄量预期值，单位为贝可每天（$Bq \cdot d^{-1}$），对不同核素，$m(t)$ 值可以参见《职业性内照射个人监测规范》（GBZ 129—2016）。

此外，还可以对生物样品开展总 α、总 β 放射性测量。这种方法虽然无法估算特定核素的摄入量和待积有效剂量，但可作为一种定性分析方法用于开展大规模人群的污染快速筛查。

3.3.2.3 空气采样分析与摄入量的估算

空气样品中放射性核素的分析，简称空气采样分析。用空气采样分析法来估算摄入量和待积有效剂量带来的不确定度很大，一般只在摄入的核素既不发射 X/γ 射线，又在排泄物中浓度很低时才采用此法。在使用个人空气采样器采集事故地点空气样品时，采样头应位于呼吸带内（地面上 1.5 m），采样速率通常为职业人群典型吸气速率（约 1.2 $m^3 \cdot h^{-1}$）。采样结束后，将滤膜合并、采用放化方法分离后进行活度测量。

测得采样地点空气中放射性核素 j 的活度浓度后，其摄入量 I_j（单位为 Bq）按式（3.3.5）估算：

$$I_j = c_j BT \tag{3.3.5}$$

式中：

c_j：测得的空气中核素 j 的活度浓度，单位为贝可每立方米（$Bq \cdot m^{-3}$）；

B：人的呼吸率，单位为立方米每小时（$m^3 \cdot h^{-1}$），缺省值对成人可取 0.83 $m^3 \cdot h^{-1}$，对 1 岁以下、1 岁、5 岁、10 岁和 15 岁未成年人分别取为

$0.13\ m^3 \cdot h^{-1}$、$0.23\ m^3 \cdot h^{-1}$、$0.37\ m^3 \cdot h^{-1}$、$0.60\ m^3 \cdot h^{-1}$ 和 $0.77\ m^3 \cdot h^{-1}$；

T：内污染人员在事故地点的停留时间，单位为小时（h）。

3.3.2.4　内照射剂量估算

计算出核素摄入量后，其导致的待积器官剂量 $H_T(\tau)$ 和待积有效剂量 $E(\tau)$ 分别按式（3.3.6）和（3.3.7）计算（单位为 Sv）：

$$H_T(\tau) = A_0(\tau) h_T(\tau) \tag{3.3.6}$$

$$E(\tau) = A_0 e(\tau) \tag{3.3.7}$$

式中：

A_0：核素 j 通过途径 p 的摄入量，单位为贝可（Bq）；

$e(\tau)$：每单位摄入量引起的待积有效剂量，单位为希沃特每贝可（$Sv \cdot Bq^{-1}$）；

$h_T(\tau)$：每单位摄入量的待积组织或器官的辐射权重剂量，对不同核素和不同摄入方式，$h_T(\tau)$ 和 $e(\tau)$ 可参见《职业性内照射个人监测规范》（GBZ 129—2016）或《放射性核素摄入量及内照射剂量估算规范》（GB/T 16148—2009），注意不同摄入方式（吸入、食入或注射等）以及吸入途径中不同的吸收类型或形态，都会导致剂量系数不同。

在出现低于剂量限值十分之一的小剂量情况时，才可用工作场所的监测数据粗略估算内照射剂量，但应至少有以下信息：核素、化合物的化学形态、气溶胶粒子大小、摄入方式和路径等。当待积有效剂量估计值低于 1 mSv 时，不必用内照射个人剂量监测的办法进行内剂量估算，这时可用场所监测数据粗略计算。当待积有效剂量估计值高于 5 mSv 时，需要应用个体的特定受照时间和途径等信息，这样可得到更为真实的剂量估算结果。

测量和估算时应对不同核素（j）分别测量，估算出总的摄入量后，用式（3.3.6）和式（3.3.7）进行待积器官剂量 $H_T(\tau)$ 和待积有效剂量 $E(\tau)$ 的估算后，按式（3.3.8）、式（3.3.9）估算总剂量。

$$H_T(\tau) = \sum_j A_{j,0}(\tau) h_{j,T}(\tau) \qquad (3.3.8)$$

$$E(\tau) = \sum_j A_{j,0}(\tau) e_j(\tau) \qquad (3.3.9)$$

如果摄入的放射性核素并非全身均匀分布,则需要考虑对特定器官进行放射性测量。部分核素浓集于单一器官,如钚、镅、镉、钢等同位素富集于肺部,碘同位素富集于甲状腺,此时需要开展肺部或甲状腺放射性测量。肺部计数器可使用 NaI 或 NaI-CsI 晶体探测器,由于人体胸壁对低能 X 射线或 γ 射线的吸收对活度测量结果影响较大,因此需要用超声波技术测定胸壁厚度以对活度测量结果进行校正。甲状腺测量可采用带铅准直的 NaI 晶体探测器,探测器应位于颈部表面上方 10 cm 处。

在有吸入途径却没有个人检测数据的情况下,可用固定空气采样器测量空气浓度,用式(3.3.10)计算待积有效剂量 $E(\tau)$:

$$E(\tau) \approx \frac{0.02 C}{\mathrm{DAC}} \qquad (3.3.10)$$

式中:

0.02:个人年剂量限值,单位为希沃特每年($\mathrm{Sv \cdot a^{-1}}$);

C:固定空气采样器测量的空气浓度,单位为贝可每立方米($\mathrm{Bq \cdot m^{-3}}$);

DAC:导出空气浓度,单位为贝可每立方米($\mathrm{Bq \cdot m^{-3}}$),常用放射性核素持续照射的 DAC 值可参见《职业性内照射个人监测规范》(GBZ 129—2016)附录 B 表 B.1。

3.3.3 核事故中摄入被污染食物和饮水引起的内照射剂量

食品是环境物质(包括营养素、常量和微量元素、毒物)进入人体的重要环节之一,1957 年温茨凯尔事故和 1986 年切尔诺贝利事故使食品放射性污染都达到在一定地区内农、牧产品禁止食用的程度。对于核事故应急而言，食品和饮水干预水平的制定具有重要的现实意义，尤其在核事故中、晚期因食入所致内照射的剂量估算应成为卫生评价和决定应急措施的重要依据。

3.3.3.1 食入未经加工处理的被污染食物的内照射剂量

食入未经加工处理的被污染食物 z 所致的待积有效剂量或器官待积当量剂量 H_{fz}（单位为 Sv）可由式（3.3.11）计算：

$$H_{fz} = C_{fz}(t_p) \cdot I_{fz} \cdot H_2 \cdot G_z \tag{3.3.11}$$

式中：

$C_{fz}(t_p)$：食物 z 中放射性核素的峰值比活度或归一化时刻 t_p 的比活度，单位为贝可每千克或贝可每升（$Bq \cdot kg^{-1}$ 或 $Bq \cdot L^{-1}$）；

I_{fz}：被污染食物 z 的年食入量，单位为千克每年（$kg \cdot a^{-1}$），食入单位活度核素所致的待积有效剂量、甲状腺待积当量剂量分别参见《核事故应急情况下公众受照剂量估算的模式和参数》（GB/T 17982—2018）附录 I 的表 I.2 和表 I.3；

H_2：食入单位活度核素的待积有效剂量或器官待积当量剂量，单位为希沃特每贝可（$Sv \cdot Bq^{-1}$）；

G_z：食物 z 中核素比活度的 1 年积分值与某一指定时刻（峰值时刻或归一化时刻）该食物中核素比活度的比值，单位为 $Bq \cdot a \cdot kg^{-1}$（$Bq \cdot kg^{-1}$）。

G_z 的计算如式（3.3.12）：

$$G_z = \frac{\int_{t_p}^{t_p+1a} C_{fz}(t) \, dt}{C_{fz}(t_p)} \tag{3.3.12}$$

式中：

$C_{fz}(t)$：某一时刻 t 食物 z 中放射性核素的比活度，单位为贝可每千克或贝可每升（$Bq \cdot kg^{-1}$ 或 $Bq \cdot L^{-1}$）；

$C_{fz}(t_p)$：某一指定时刻 t_p 食物 z 中放射性核素的比活度，单位为贝可每千克或贝可每升（Bq·kg⁻¹或Bq·L⁻¹）；

t_p：某一指定时刻，通常是食物 z 中放射性污染峰值时刻或指定的归一化时刻。

对于未加工的新鲜食物以及储藏食物，即在事故后生产、收获或储存并在其后 1 年中被均匀消费的食物，G_z 值均可参见《核事故应急情况下公众受照剂量估算的模式和参数》（GB/T 17982—2018）。

3.3.3.2 食入经过加工处理的被污染食物的内照射剂量

食入经过加工处理的被污染食物 z 所致的待积有效剂量或器官待积当量剂量 H'_{fz}（单位 Sv）为：

$$H'_{fz} = \frac{H_{fz}}{f} \tag{3.3.13}$$

式中：

H'_{fz}：食入经加工处理的被污染食物 z 所致的待积有效剂量或器官待积当量剂量，单位为希沃特（Sv）；

H_{fz}：食入未经加工的被污染食物 z 所致的待积有效剂量或器官待积当量剂量，单位为希沃特（Sv）；

f：未经加工食物中放射性核素比活度与经过清洗、加工处理后食物中放射性核素比活度的比值。f 的数值可参见《核事故应急情况下公众受照剂量估算的模式和参数》（GB/T 17982—2018）。

3.3.3.3 饮用被污染的饮用水所致的待积有效剂量或待积当量剂量

食入被污染的饮用水所致的待积有效剂量或待积当量剂量 H_w（单位为 Sv）为：

$$H_w = C_w \cdot I_w \cdot H_2 \cdot \frac{1-e^{\lambda_R \tau}}{\lambda_R} \tag{3.3.14}$$

式中：

C_w：饮用水中放射性核素在峰值时刻或归一化时刻的比活度，单位为贝可每升（Bq·L⁻¹）；

I_w：被污染饮用水的年摄入量，单位为升每年（L·a⁻¹）；

H_2：摄入单位活度核素所致的待积有效剂量或器官待积当量剂量，单位为希沃特每贝可（Sv·Bq⁻¹）；

λ_R：核素的物理衰变常数，单位为每年（a⁻¹）；

τ：饮用被污染的饮用水的持续时间，单位为年（a）。

饮用水年摄入量 I_w 值与剂量转换系数 H_2 可参见《核事故应急情况下公众受照剂量估算的模式和参数》（GB/T 17982—2018）。

吸入再悬浮核素的内照射剂量计算方法同核事故早期阶段，这里不再赘述。

3.3.4 核事故中吸入烟羽引起的内照射剂量

核事故发生时，吸入烟羽中的放射性核素会导致内照射，为保护人员健康，需要对吸入烟羽中的放射性核素产生的内照射进行剂量估算。

吸入烟羽内照射剂量 H_b（单位为 Sv）为：

$$H_b = \Psi \cdot B \cdot DCF_b \qquad (3.3.15)$$

式中：

Ψ：近地面空气中核素的时间积分浓度，单位为贝可秒每立方米（Bq·s·m⁻³）；

B：人的呼吸率，单位为立方米每秒（m³·s⁻¹）；

DCF_b：吸入单位活度放射性核素与其所致待积有效剂量或甲状腺待积当量剂量的转换系数，单位为希沃特每贝可（Sv·Bq⁻¹）。

不同年龄组成员的呼吸率 B 与不同核素的吸入剂量转换系数 DCF_b 可参见《核事故应急情况下公众受照剂量估算的模式和参数》（GB/T 17982—2018）。

3.3.5 核事故中吸入再悬浮核素引起的内照射剂量

核事故发生时，吸入再悬浮核素会导致内照射，为保护人员健康，需要对再悬浮核素产生的内照射进行剂量估算。

吸入再悬浮核素所致待积有效剂量或待积剂量当量 H_r（单位为 Sv）为：

$$H_r = \Psi \cdot B \cdot DCF_b \cdot \int_0^\tau K(t) e^{-\lambda_R t} dt \tag{3.3.16}$$

式中：

Ψ：近地面空气中核素的时间积分浓度，单位为贝可秒每立方米（$Bq \cdot s \cdot m^{-3}$）；

B：人的呼吸率，单位为立方米每秒（$m^3 \cdot s^{-1}$）；

DCF_b：吸入单位活度（再悬浮）核素与其所致待积有效剂量或甲状腺待积当量剂量的转换系数，单位为希沃特每贝可（$Sv \cdot Bq^{-1}$），吸入剂量转换系数 DCF_b 可参见《核事故应急情况下公众受照剂量估算的模式和参数》（GB/T 17982—2018）的附录 F.2 和附录 F.3；

$K(t)$：时间依赖的再悬浮因子，定义为空气中再悬浮核素浓度与该核素地面沉积表面活度之比，单位为每米（m^{-1}），再悬浮因子 $K(t)$ 的影响因素和时间依赖关系可参见《核事故应急情况下公众受照剂量估算的模式和参数》（GB/T 17982—2018）附录 F.4；

λ_R：核素的衰变常数，单位为每秒（s^{-1}）；

τ：积分时间，单位为秒（s），通常取为 6.048×10^5 s（1 周）。

放射性物质通过吸入、摄入或开放性伤口进入人体内，也可能造成危害，即所谓的内污染。一个很大的危险放射源发生火灾或爆炸时，距离大约 100 米范围吸入放射性物质可潜在地引起严重确定性健康效应。然而，这只有在人员没有呼吸防护措施，并且大部分释放期站在烟雾中的情况下才可能发生。无意中摄入放射性污染物（例如用受污染的手进食）也可能造成严重的确定性健康效应。然而这只有在人员直接接触从源容器中溢出或泄露的放射性物质时才可能发生。

3.3.6 剂量评价中的不确定度

用于内照射剂量测定的生物动力学模型为剂量估算提供了最新方法。但是，在解释测量数据时，仍存在一些不确定度。用放射性核素的摄入量来估算剂量大致分为三个阶段：个人监测的测量；由测量值估算摄入量；由摄入量估算剂量。剂量估算总的不确定度是这三个阶段不确定度的综合。通常，测量中的不确定度对剂量估算的影响最明显。当测量活度水平很低并接近探测器的探测限时，由统计计数的不确定度将可能控制整个阶段的不确定度。由此推知，对于放射性核素容易被探测并且测出的值足够大的情况，由统计计数造成的不确定度相对其他原因造成的不确定度要小。尽管如此，还需考虑测量程序中其他部分所造成的不确定度，例如标定或者用于体内直接测量时身体重量大小的校准。还应当注意的是，避免在人体或者样品的表面污染和样品处理中的交叉污染，否则这些污染将会引入一个显著的误差。在常规监测计划中，由摄入量估算产生的不确定度可能很难量化，因为测量是按预定时间进行的而与摄入时间无关。因此，必须制定取样规则来限制由于摄入时间未知而导致在估算摄入量时产生的不确定度。ICRP 建议，在一个监测周期中，假定摄入发生在该监测周期的中点，那么由于摄入时间不明导致的对摄入量的低估将不会小于实际值的 1/3。在实践中，这种低估的程度达到了最大。如果摄入的很大部分刚好发生在取样或测量前不久，那么对摄入量的高估将大于实际值的 3 倍。在这种情况下，对排泄物的监测就显得特别重要，因为日排泄份额在紧跟摄入后的短期时间内将立即迅速下降。在常规监测计划中，如果有异常的结果出现，几天后应适当地进行重复取样或测量，并相应地调整摄入量的估算。如果方便的话，最好在未受到照射的一段时间后收集样品进行监测，如一个星期后或一次节假日后。最后一个要考虑的因素是由给定的摄入量来估算剂量而产生的不确定度。剂量估算的可靠性取决于模型的准确性以及它们在特定情况下所应用的各种限制条件。使用标准的生物动力学模型可能在解释当中产生一定的误差。如果年摄入量较低，一般可采用参考模式及其参数来估算摄入量及其待积有效剂量。如果年摄入量较大或采取了阻吸收与促排等医学干预，应采用个体模式及相应参数。这对于可靠的剂量估算是非常重要的。

在日常监测中，急性摄入的时间往往是未知的，通常假设放射发生在检测周期的中间，这样的假设对慢性均匀摄入是可以的。但如果实际的急性摄入发生在监测周期开始，这样的假设会带来对剂量的高估；如果实际的急性摄入发生在监测周期末端，会带来对剂量的低估。图3.3.6是这种估算的一个例子，这个例子是在个人监测周期内不同时间一次性急性摄入中实际吸入钴-60气溶胶粒子（气溶胶粒度 AMAD = 5 μm，吸收类型 S），在监测周期结束后进行的全身和尿样测量结果，其估算结果是按监测周期

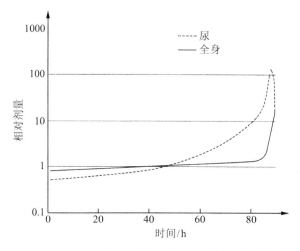

图 3.3.6　监测周期内不同急性摄入时间对测量结果的影响

中点摄入的剂量归一化的。从图3.3.6中可以看出，在一次性急性摄入的情况下，由于摄入发生在监测周期内的不同时间，其剂量估算结果有可能差2个数量级，特别是尿样测量时更严重。

3.4 体表沾染剂量估算

在核事故、核工业维修、放射性核素生产、脏弹袭击等情况下，体表皮肤和衣服可能会受到放射性核素颗粒物的污染。如不及时去污，将对人体造成放射性损伤，并且放射性污染物还会进一步进入人体，造成放射性内污染，引发严重后果。放射性粒子在皮肤和衣服上的沉积可能是由人体直接暴露于放射性物质造成的，也可能是由间接触污染物体或地面上的污染粉尘造成的，二者均会对人体产生辐射损伤。

对于核事故造成的体表放射性污染应尽可能快速、有效去除，以免造成放射性损伤、内污染和环境污染。沾染核素的部位主要包括裸露的皮肤、头发和眼睛，正常的人体皮肤是放射性污染物质的天然屏障，放射性物质污染通常存在于皮肤外层的油脂层；皮肤外层的损伤会加速放射性物质的渗透；当核事故造成体表烧伤时，由于烧伤组织没有血液循环，放射性污染物质会滞留于伤口坏死组织层，持续对人体造成辐射损伤；外层衣物和鞋帽也会沾染核素。体表沾染核素的去向和结果如图3.4.1所示。

这些沾染的放射性物质持续对人体产生危害，且其物理剂量估算不同于传统的内照射与外照射，因此需要单独进行讨论。

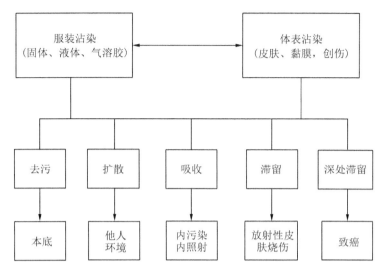

图 3.4.1　放射性体表污染的去向和结果

3.4.1　沾染核素的测量

常用检测仪器包括门框式全身污染便携式监测仪，β 表面污染测量仪，手、足、衣物污染测量仪以及全身污染监测仪等。

所用探测器面积最好大于 100 cm², 探测器尽量靠近皮肤, 但不要接触。按顺序以 2~3 cm/s 的速度, 从头到脚、从左至右移动。对高污染部位可用棉拭子测试并留存；测未知放射性核素污染时, 先确定是否有 α 污染, 可抽出 β、γ 探测器挡板, 记录下 β+γ 数据, 并且尽可能用核素甄别仪或谱仪以放射性核素分析方法确定核素种类, 指导去污。创伤的高毒性 α 核素污染, 需要用伤口探测仪定位, 以指导清创手术。

测量时让受污染人员站在一张干净的垫子上, 采用直立、四肢及手指分开的姿势, 首先监测手和手臂, 再重复一次从身体前面头顶开始至全身, 仔细监测前额、鼻、口腔、颈、躯干、膝和踝部, 之后转身按同样顺序监测身体的背面, 最后监测脚底, 顺序如图 3.4.2 所示。对可能存在皮肤损伤的人员，应用红外探测仪测量污染区，以发现潜在的放射性皮肤损伤。待去污处理后，还应采用全身计数器或肺部计数器在体外直接测量整体或肺部的放射活性（适用于释放 γ 射线的放射性核素），采用间接测量法检测尿、粪和呼出气中的放射性核素，进行体内污染的监测。

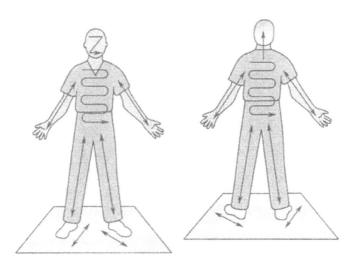

图 3.4.2 人体体表放射性核素污染测量和去污顺序

体表污染测量结果高于天然本底 2 倍以上者，应视为放射性核素体表污染人员；体表污染测量结果高于天然本底 10 倍，或体表 γ 剂量率 > $0.5~\mu Sv \cdot h^{-1}$ 者，应视为严重放射性核素污染人员。

3.4.2 放射性粉尘在皮肤上的沉积和滞留估算

发生核事故后会产生大量放射性粉尘，其会沾染在皮肤表面对人体产生危害，且剂量估算方法与常规情况有所不同。放射性核素体表沾染对人体产生的辐射剂量取决于放射性物质在皮肤上的沉积和滞留程度、粒子的比活度（每单位质量的活度，单位为 $\mu Ci \cdot g^{-1}$，$1~Ci = 3.7 \times 10^{10}~Bq$）、每单位皮肤面积的粒子质量（g·cm^{-2}）、皮肤上每单位活度浓度的剂量率（mSv·h^{-1}·μCi^{-1}·cm$^{-2}_{skin}$）和暴露时间（h）。

颗粒大小是影响皮肤截留和滞留的最重要参数，粒径越小，与皮肤的黏附率越高；并且随着颗粒粒径的增加，在皮肤长时间黏附的概率会随之增加。直径小于 2 μm 的颗粒，与皮肤表面的粗糙度具有相同的大小比例，会黏附在皮肤表面难以清洁；直径大于 50 μm 的颗粒黏附在皮肤上的概率远低于较小的颗粒，然而较大的颗粒可能黏附在头发并留在皮肤上或皮肤附近。

在皮肤干燥的情况下，对于干燥的粉尘颗粒，小于 150 μm 的颗粒在皮肤上黏附上限约为 1.4 mg·cm^{-2}，小于 250 μm 的颗粒在皮肤上黏附上限约为 1 mg·cm^{-2}。如果皮肤部分受到衣物保护，则粉尘颗粒沾染量较少。身体不同区域的粉尘颗粒黏附上限不同。在皮肤容易接触粉尘颗粒的地方（如手、手腕、膝盖、肘）或皮肤褶皱中观察到粉尘颗粒累积量最高。当粉尘颗粒潮湿时，皮肤接触粉尘颗粒的黏附上限增加到 2 mg·cm^{-2}。当粉尘颗粒黏附上限超过该值时，被黏附者通常会进行清洗，这会减少沾有放射性核素的粉尘颗粒在皮肤上的停留时间。

由于较小颗粒比较大颗粒更容易黏附在皮肤上，因此，当人们黏附有较小颗粒时，皮肤污染水平可能会更高；随着颗粒直径增加至约 10 μm，空气中颗粒物在皮肤上滞留的可能性会增加；但是在颗粒直径在 50~100 μm 的情况下，随着颗粒尺寸的增加，其滞留量预计会降低。在确定皮肤上的粉尘颗粒黏附上限时，颗粒大小或水分含量比粉尘类型更加重要。

3.4.3 体表皮肤污染剂量估算

3.4.3.1 体表的放射性核素对皮肤的剂量率

由沉积在体表的放射性核素发射的电子或 α 粒子对皮肤基底层辐射敏感组织的当量剂量率可简单估算为：

$$\dot{D}(t) = C_{\text{skin}}(t) \cdot DRF_{\text{skin}} \quad (3.4.1)$$

式中：

$\dot{D}(t)$：t 时间对皮肤的剂量率，单位为毫希沃特每小时（$\text{mSv} \cdot \text{h}^{-1}$）；

$C_{\text{skin}}(t)$：t 时间对皮肤的放射性核素活度浓度，单位为微居里每平方厘米（$\mu\text{Ci} \cdot \text{cm}^{-2}$）；

DRF_{skin}：暴露于放射性粉尘颗粒的情况下，人体表面以下放射性敏感组织假设深度处电子或 α 粒子的剂量率系数（放射性核素每单位活度浓度的剂量率），定义为体表放射性核素或放射性核素每单位浓度的剂量率，单位为毫希沃特每时微居里平方厘米（$\text{mSv} \cdot \text{h}^{-1} \cdot \mu\text{Ci}^{-1} \cdot \text{cm}^{-2}$），数值见表 3.4.1 与表 3.4.2。

表 3.4.1 用于估计皮肤污染电子剂量的参数

参数		符号	单位	确定性值[③]
粒径调整系数	小粒径[①]	PS_A	无单位	1.3
	大粒径[②]			0.8
	不确定粒径			1.0
因湿增强系数	太平洋试验场	EM	无单位	1.15
	内华达州试验场			0.75
比活度富集系数	小粒径	EF	无单位	1.3
	大粒径			2.5
	不确定粒径			2.0
活度权重调整系数	小粒径	AW	无单位	1
	大粒径			0.03
	不确定粒径			0.1
在 7 mg·cm⁻² 深度处剂量率系数		DRF	$\text{mSv} \cdot \text{h}^{-1} \cdot \mu\text{Ci}^{-1} \cdot \text{cm}^{-2}$	37

注：① 小粒径是指大多数颗粒的直径小于 100 μm，粒径中位数小于 50 μm 的尺寸分布。
② 大粒径是指大多数颗粒的直径大于 50 μm，粒径中位数大于 100 μm 的尺寸分布。
③ 推荐用于估算皮肤核素污染剂量的点估算确定性值。

表 3.4.2 沉积在身体特定区域皮肤上的选定 α 放射性核素的剂量率系数

部位	核素	剂量率系数/(mSv·h⁻¹·μCi⁻¹·cm⁻²)	核素	剂量率系数/(mSv·h⁻¹·μCi⁻¹·cm⁻²)
四肢	^{235}U	6.9×10^2	^{239,240}Pu	7.4×10^3
	^{238}U	1.1×10^2	^{241}Am	1.3×10^4
	^{238}Pu	1.3×10^2	^{242}Cm	2.9×10^4
躯干	^{235}U	3.2×10^4	^{239,240}Pu	6.7×10^4
	^{238}U	2.5×10^4	^{241}Am	8.2×10^4
	^{238}Pu	8.2×10^4	^{242}Cm	1.1×10^5
脸部	^{235}U	4.0×10^4	^{239,240}Pu	6.4×10^4
	^{238}U	3.2×10^4	^{241}Am	7.4×10^4
	^{238}Pu	7.4×10^4	^{242}Cm	9.6×10^4
手背	^{242}Cm	4.3×10^2	其余核素	0
手掌、脚底	全部核素	0		

对于沉积在皮肤或衣物上的放射性核素所致 β 核素照射当量剂量 $H_{s\beta}$（单位为 Sv），也可使用式（3.4.2）估算：

$$H_{s\beta} = SF_\beta \cdot C_s \cdot DCF_{s\beta} \tag{3.4.2}$$

式中：

SF_β：衣服和人体对 β 辐射的屏蔽因子，取值同前；

C_s：皮肤和衣物上沉积放射性核素的表面比活度，单位为贝可每平方米（Bq·m⁻²）；

$DCF_{s\beta}$：皮肤、衣物表面沉积单位比活度核素与其所致皮肤 β 照射当量剂量的转换系数，单位为希沃特平方米每贝可（Sv·m²·Bq⁻¹），不同核素的 $DCF_{s\beta}$ 值可参见《核事故应急情况下公众受照剂量估算的模式和参数》(GB/T 17982—2018)。

当知道皮肤表面 β 污染所致的个人剂量当量数据时,可用式(3.4.3)计算污染处皮肤的吸收剂量:

$$D_s = f_{dH} H_p(0.07) \tag{3.4.3}$$

式中:

D_s:皮肤吸收剂量,单位为微戈瑞(μGy);

$H_p(0.07)$:皮肤表面 β 污染所致的个人剂量当量,单位为微希沃特(μSv);

f_{dH}:$H_p(0.07)$ 到污染皮肤吸收剂量的转换系数,单位为微戈瑞每微希沃特(μGy·μSv^{-1}),可参见《电离辐射所致皮肤剂量估算方法》(GBZ/T 244—2017)。

皮肤在相对较短的时间内受到污染,皮肤上的放射性浓度在沉积事件结束时达到最大值,然后随着时间的推移、放射性衰变和其他损失过程而降低。为了通过坠尘估算皮肤污染的剂量,可假设皮肤上的活性浓度瞬间达到最大值。

3.4.3.2 接触放射性坠尘对皮肤的污染

放射性坠尘(descending fallout),也称放射性沉降物、放射性落尘、辐射落尘或原子尘,是核弹爆炸或核反应堆泄漏后从天而降的放射性尘埃,含有大量短半衰期的放射性元素,表皮沾染后可引起皮肤放射性损伤。在进行剂量估算时,放射性坠尘对皮肤的污染被视为一种急性事件,假设其基本上是瞬时发生的,坠尘沉降物对皮肤的剂量率与皮肤上放射性核素的放射性浓度成正比:

$$\dot{D}(t) = C_{skin}(t) \cdot DRF_{skin} = C_{gt}(t) \cdot AR_f \cdot DRF_{skin} \tag{3.4.4}$$

式中:

$C_{gt}(t)$:地面沉降物中放射性核素的放射性浓度,单位为微居里每平方厘米（μCi·cm^{-2}）；

AR_f：地面上的放射性沉降物的活性浓度在皮肤上的滞留分数（无单位），受皮肤上的水分含量、坠尘颗粒大小、放射性核素的分布影响。

AR_f 通过式（3.4.5）计算：

$$AR_f = r \cdot PS_A \cdot EM \cdot EF \cdot AW \quad (3.4.5)$$

式中：

PS_A：调整系数（无单位），表示皮肤上的滞留量取决于粒径的程度，并说明感兴趣位置的粒径分布与测量皮肤污染系数（a_h）的粒径分布之间的差异；

EM：调整系数（无单位），用于说明随着皮肤上水分的增加，滞留效率的增加程度；

EF：比活度富集系数（无单位），用于解释当放射性核素优先分布在颗粒表面时，留在皮肤上的粉尘颗粒的比活度与地面上的粉尘颗粒的比活度的差异；

AW：活度权重调整系数（无单位），用于解释放射性沉降物中活度和颗粒大小权重分布之间的差异；

r：滞留分数，代表沉积在地面上的沉降物颗粒被拦截并保留在皮肤上的质量分数，为皮肤污染系数 a_h（cm^2）与测量的皮肤面积 s（cm^2）的比值，是根据火山灰研究对水分、比活度富集、颗粒大小和放射性核素在颗粒上的分布的影响进行估算的。

r 的计算公式见式（3.4.6）：

$$r = \left(\frac{a_h}{s}\right) \quad (3.4.6)$$

常用参数数值见表 3.4.1、表 3.4.2 和表 3.4.3。

表 3.4.3　根据哥斯达黎加火山灰研究中获得数据估算的滞留分数 r 值

身体部位	滞留分数（确定性值）	注释
脸部、肩部、躯干背部和侧面、额头、手掌	0.015	少量或没有毛发
胸部	0.03	毛发数量从少到多
前臂、大腿、小腿（鞋上方）	0.06	毛发覆盖区域
头部皮肤	0.23	
颈部后下、腰带下、鞋下、耳后	1.5	特殊区域

3.4.3.3　考虑活度变化时单一核素剂量的估算

皮肤上的活性浓度会因放射性核素衰变和皮肤上颗粒的风化（非特意清理，自然脱落）而降低。短寿命放射性核素的衰变不可忽略，在进行剂量估算时应考虑衰变带来的核素活度损失。风化对大颗粒来说非常重要，在核事故或其他导致放射性核素沾染的事故发生期间和之后均会发生，其对小颗粒的重要性远低于对大颗粒的重要性。大颗粒可能会从皮肤上掉落，或通过正常移动、轻刷很容易去除；小颗粒较轻，因此受重力影响较小，在皮肤上更难看到，这减少了刷洗或清洁的机会。更小、更轻的粒子也比更大、更重的粒子更容易受到静电引力的影响。非常小的颗粒可以嵌入皮肤缺陷中，特意洗涤也很难去除。

假设保留在皮肤上的所有颗粒都足够小，它们不容易因风化去除，这相当于假设在火山灰研究中测量的皮肤污染因子 a_h 包括几个小时风化的影响，式（3.4.5）可进行积分，以仅考虑沉积事件后的放射性衰变进行计算。对于单一放射性核素，急性沉降事件 Δt（h）时间后的皮肤剂量（mSv）为：

$$D(\Delta t) = \int_{T_0}^{T_0+\Delta t} \dot{D}_0 \cdot e^{-\lambda_R(t-T_0)} dt = C_{gs}^0 \cdot AR_f \cdot DRF_{skin} \cdot \frac{1-e^{-\lambda_R \Delta t}}{\lambda_R}$$

（3.4.7）

式中：

T_0：核事故发生后沉降物沉积的时间，单位为小时（h）；

$\dot{D}_0$：到达 T_0 时对皮肤的剂量率，单位为毫希沃特每小时（mSv·h^{-1}）；

C_{gs}^0：T_0 时地表放射性核素的放射性浓度，单位为微居里每平方厘米（μCi·cm^{-2}）；

λ_R：第 R 种核素的放射性核素衰变常数，单位为每小时（h^{-1}）。

如果污染物滞留在皮肤上的时间 Δt（例如从沾染开始到通过淋浴去除之间的总时间）超过放射性核素半衰期约 6 倍或更多，则总剂量由初始剂量率除以放射性核素衰减常数得出，与 Δt 无关。如果放射性核素半衰期与 Δt 相比较长，则剂量率在时间上近似恒定，总剂量由初始剂量率乘以 Δt 得出。如果放射性核素有放射性衰变产物，则必须使用贝特曼方程来考虑所有重要子代核素的产生。

3.4.3.4 考虑活度变化时所有放射性核素的总剂量估算

所有放射性核素组合的剂量可通过使用公式计算单个放射性核素的剂量来相加获得。然而这种方法可能会导致计算过于复杂，估算总剂量的一种更实用的方法是使用多核素复合考虑的经验关系式，即假设所有放射性核素的放射性浓度在事故发生后随着时间 t^{-x} 的推移而降低，事故发生短期内幂函数中的指数 x 通常约为 1.2。如果放射性浓度代表所有放射性核素组合的总放射性浓度，则该关系可用于通过式（3.4.8）估算放射性核素混合物在沉降物中的剂量。

使用上述沉降物中所有放射性核素总活度随时间变化的幂函数，在急性沉降物事件发生后（假设皮肤中沉积的放射性物质风化程度可忽略不计）的时间段内，皮肤的剂量为：

$$D(\Delta t) = \int_{T_0}^{T_0+\Delta t} \dot{D}_0 \cdot e^{-\lambda_R(t-T_0)} dt = C_{gs}^0 \cdot AR_f \cdot DRF_{skin} \cdot \frac{T_0^{-X+1} - (T_0 + \Delta t)^{-X+1}}{x-1}$$

(3.4.8)

C_{gs}^0：核爆或核事故发生后地面上所有放射性核素的总放射性浓度，单位为微居里每平方厘米（$\mu Ci \cdot cm^{-2}$）。

可以根据核事故发生后不同时间的暴露率测量值，估算沉积时地面上的总放射性浓度。因此，如果从时间 t_{meas}^x 的测量中获得活性浓度 C_{meas}，则时间 T_0 时地面上的总活性浓度估计为：

$$C_{gs}^0 = C_{meas} \cdot t_{meas}^x \cdot T_0^{-X}$$

(3.4.9)

3.4.4 放射性核素污染衣物对皮肤的剂量估算

3.4.4.1 剂量率估计

除了放射性沉降物或再悬浮物质直接接触皮肤外，皮肤受照的一个潜在重要来源是沉积并保留在衣服上的放射性物质。由沉积在衣服上的放射性物质发射的 α 粒子没有足够的能量穿透衣服和皮肤，并在衣服受到污染的情况下将辐射传递到皮肤基底层，但许多放射性核素释放出的电子能量足够高，可以穿透常规服装到达皮肤底层的辐射敏感组织，从而对人体产生危害。这些核素导致的剂量可用式（3.4.9）计算，放射性浓度和剂量率因子由衣服上的放射性核素沉积决定：

$$\dot{D}(t) = C_{clothing}(t) \cdot DRF_{clothing}$$

(3.4.10)

式中：

$\dot{D}(t)$：对皮肤的剂量率，单位为毫希沃特每小时（$mSv \cdot h^{-1}$）；

$C_{clothing}(t)$：衣服上放射性核素的放射性浓度，单位为微居里每平方厘米（$\mu Ci \cdot cm_{clothing}^{-2}$）；

$DRF_{clothing}$：在假定的辐射敏感组织深度处沉积的放射性核素发射的电

子的速率系数,单位为毫希沃特每时微居里平方厘米（$mSv \cdot h^{-1} \cdot \mu Ci^{-1} \cdot cm_{clothing}^{-2}$）。

3.4.4.2 衣服的屏蔽效果

沉积在衣服上的放射性核素,由于衣服层提供的屏蔽,与沉积在裸露皮肤上的放射性核素相比,对皮肤的剂量降低。衣服污染的剂量估算应考虑到该屏蔽。衣服上放射性核素的剂量率系数可使用裸露皮肤上的放射性核素的剂量率系数进行估算,该系数经修正,以考虑衣服的屏蔽:

$$DRF_{clothing} = DRF_{skin} \cdot CMF \qquad (3.4.11)$$

式中:

$DRF_{clothing}$:衣服上放射性核素发射的电子的剂量率系数,单位为毫希沃特每时微居里平方厘米（$mSv \cdot h^{-1} \cdot \mu Ci^{-1} \cdot cm_{clothing}^{-2}$）;

DRF_{skin}:裸露皮肤上放射性核素发射的电子的剂量率系数,单位为毫希沃特每时微居里平方厘米（$mSv \cdot h^{-1} \cdot \mu Ci^{-1} \cdot cm_{skin}^{-2}$）;

CMF:由于衣服的屏蔽层导致剂量率降低的修正系数（无单位）。

这两个剂量率系数是应用于辐射敏感组织相同深度的值。CMF 影响皮肤剂量的方式与皮肤深度修正系数（SDMF）相同,但 CMF 始终小于 1.0。

辐射敏感组织的深度假定为 7 $mg \cdot cm^{-2}$,轻型衣物的厚度假定为 0.7 mm,密度为 0.4 $g \cdot cm^{-3}$,相当于 28 $mg \cdot cm^{-2}$ 的组织厚度。轻型服装的修正系数是根据离地高度和事故发生后的时间计算的,高度为 1 cm 的修正系数是适用于服装污染的修正系数的最佳近似值。高度为 1 cm 的轻型服装的修正系数范围为 0.4~0.6,具体取决于事故发生后的时间。较高的值在一天内出现,较低的值在一周或更晚的时间出现。

对于 0.7 mm 厚的衣服,组织等效厚度为 28 $mg \cdot cm^{-2}$,身体表面以下平均深度为 7 $mg \cdot cm$ 的辐射敏感组织的总深度为 55 $mg \cdot cm^{-2}$。因此,除了手掌或脚底以外的身体部位,当放射性核素沉积在裸露皮肤上时,CMF

适用于辐射敏感组织的标深度为 4 mg·cm^{-2}（面部、前额、颈部、肩部、躯干和大腿）或 8 mg·cm^{-2}（手臂或小腿）的身体区域。

3.5 核应急状态下的物理剂量估算策略及进展

核与辐射事故后对急性放射病伤情尽早地作出诊断，是使事故受害者得到及时救治的关键。在较多人员有可能遭受不同程度核辐射外照射损伤时，分类诊断更是应急救治中急待解决的迫切任务。放射病分型、分度诊断是采取恰当治疗措施的主要依据，对于辐射剂量大、损伤重的受害者的救治效果具有举足轻重的作用，这时剂量估算就显得格外重要。本段总结了核应急状态下的物理剂量估算策略及目前的进展。

3.5.1 物理剂量估算策略

应急人员受照剂量的现场分析与评估可分为剂量监测数据的获取、人员受照剂量的估算、建议报告的制定等流程。

3.5.1.1 剂量监测数据的获取

剂量测量数据的获取是有效进行应急人员受照剂量分析与评估的基础。进行应急人员受照剂量评估，首先要对监测数据的来源进行分析与判断，核事故情况下，用于获取分析评估实测剂量数据的应急辐射监测仪器种类较多，如直读式个人剂量计、环境 γ 剂量率连续监测系统、车载辐射巡测系统、便携式辐射仪、核应急航空监测系统等。这些仪器因测量的对象不同，测量数据的意义也有所不同，需采取的分析处理的方法也有所不同，有些数据可以直接采用，有些数据则需要进行转换。在获取方式上，也因仪器的不同而不同。目前用于完成应急辐射监测任务的大多数仪器所测量的结果，都可以通过数传电台或其他通信方式传送到指控终端，但也有一部分仪器还未能实现信息化和网络化，其测量结果只能通过人工上报的方式手工录入。

3.5.1.2 人员受照剂量的估算

人员受照剂量的估算是应急人员受照剂量评估的关键步骤。在应急照射控制与应急防护中，剂量当量及其相关的量 H_T、H_E、H_{50T}、H_{1d}、H_{1s} 等，为评价不同类型辐射对人体所造成的损伤提供了统一尺度。然而，某组织或器官所受到的平均剂量当量、放射性核素的摄入量和剂量当量指数，实际上都是不能直接测出的，这就必须根据其他可以直接测量的量来进行估算。本书将进行剂量估算所需的一般信息整理成表，供读者参考使用，详情见本书附录 J。

一般来说，用于应急人员受照剂量分析与评估的数据主要来源于个人剂量监测数据。个人剂量监测包括外照射剂量监测和内照射剂量监测，外照射剂量监测可利用佩戴在应急人员身上的个人剂量计进行，或利用环境监测结果进行转换，内照射剂量监测则主要通过对人员体内或排泄物及其他生物样品中放射性核素的种类和活度进行，并采取一定的估算方法推算出受照剂量。一般的估算流程见图 3.5.1。

1. 个人外照射剂量监测

用于外照射监测的个人剂量计，如果探测元件已经有 10 mm 或 0.07 mm 厚的组织等效材料覆盖并已经过适当刻度，则可认为该剂量计测得的就是贯穿性的个人剂量当量 $H_p(10)$ 或浅表个人剂量当量 $H_s(0.07)$。这两个量可以看成是相关照射条件下应急响应人员的有效剂量 H_E（或深部剂量当量 H_{1d}）及皮肤剂量当量（或浅表剂量当量 H_{1s}）的一种合理估计。从历史上发生的几起核事故的监测结果来看，极少发生严重的人员内照射情况，因此，个人外照射剂量监测数据是个人剂量评价的主要来源。

2. 个人内照射剂量估算

当应急场所的监测表明，应急响应人员可能已经摄入大量放射性物质时，应当借助个人体内污染量的监测结果进行剂量估算，常用的监测方法

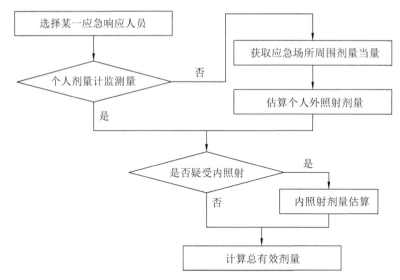

图 3.5.1　核应急物理剂量估算流程[1]

有对排泄物及其他生物样品分析的间接测量、对全身或局部器官中放射性核素的直接测量和对空气样品的分析。在 ICRP 的剂量系数估算方法确立之后,内照射剂量估算的主要问题转化为摄入量估算的问题。上述三种方法虽然都能估算放射性核素的摄入量,但估算结果很难令人满意,尤其是在核应急情况下,时限性强,监测数据不能完全满足要求,因而对内照射剂量只能做到粗略的估算。

3. 环境监测剂量结果转换

在应急响应人员未佩戴个人剂量计,不能提供准确的个人外照射剂量监测数据时,就有必要以场所监测的结果和一定模式推算的数据为依据。

应急场所外照射辐射场的监测所用的仪器很多是便携式辐射监测仪,

---

[1] 黄伟奇,郑启燕,陈琳. 核应急响应人员现场剂量的分析与评估[C]// 中国核科学. 中国核科学技术进展报告——中国核学会 2009 年学术年会论文集(第一卷·第 5 册). 北京:防化指挥工程学院,2009:230-234.

如果这些仪器能测得环境剂量当量 $H^*(10)$ 和定向剂量当量 $H(0.07)$，则采用这些测量结果就能对应急场所内工作人员的有效剂量进行合理的估算。然而，由于应急场所的辐射性质和水平随空间、时间而变化，而应急响应人员在其中的活动方式又不能完全确定，因此必须引入一些简化假设，才能用场所监测结果推测人员受照剂量。

一般来说，作为偏安全的保守估计，可假定应急人员整个工作时间内都处于工作场所中辐射水平最高的那一点，例如对于从事放射性去污的应急人员，要以工作过程中剂量率最高的点来推算其受照剂量；而对于进行辐射巡测的应急人员，则可直接采用上报的累计剂量数。

3.5.1.3 建议报告的制定

提出适当的建议，制定咨询报告，为上级决策提供依据是个人剂量评价的主要目的。建议报告主要依据经过分析处理的个人剂量数据和群体剂量数据照射剂量控制量进行比较后综合得出。建议报告的内容主要包括应急人员可继续工作的时间、应急人员和分队下一步应急工作及应采取防护行动的建议、补测数据的需求、受照剂量偏离正常情况的个人和分队的就医建议等。

3.5.2 物理剂量估算研究进展

3.5.2.1 个性化数字人体模型的建立

近年来，随着表面数字化技术的进步，三维人体扫描技术迅速发展，出现了基于三维扫描数据的数字人体建模方法。目前，只有蒙特卡罗方法能够计算各种粒子在三维异构物质中的相互作用产生的沉积能量。将人体剂量模型和蒙特卡罗方法相结合，模拟粒子在人体内的输运过程，可以准确估算在核应急状况下人体的受照剂量。

人体体模的发展是从简单的人体模型到数学模型，再发展到今天的体素模型、曲面模型，精准度逐渐提高，更符合真实人体的解剖特征。计算辐射剂量的准确性也随之上升。虽然数字人体模型有很多优点，但它也是根据某个特定的人体断层扫描图像或解剖图像建立的，不能代表普通群众。而且需要设定一个固定的分辨率，调整器官和组织大小的过程比较复杂。目前常见的模型都是直立的模型，只考虑了性别、体型、年龄等方面对于辐射剂量的影响，并没有考虑姿态的问题。涉及辐射照射的工作人员，会存在各种各样的姿态。由于人们受到辐射照射时不一定是站立姿态，因此需要研究变姿态人体模型的辐射剂量。因此，建立变姿态模型也是辐射防护领域中有意义的研究方向。

今后针对曲面模型可开展的研究主要包括：大力发展适合中国人的参考模型，以便快速并准确地估算人体辐射剂量；开发基于曲面模型的剂量计算软件，通过设定源项、人体体型等参数，能够快速准确地计算某个特定情况下人体受到的辐射剂量，可用于实时评估涉及辐射的工作人员受到的剂量。并且患者所接受到的辐射剂量除了与源项相关外，还与患者体型大小相关，如在考虑患者体型的基础上增加年龄等其他影响因素，可更准确地反映患者受射线辐射的影响。

3.5.2.2 新型剂量计

剂量计是测量电离辐射剂量的设备，广泛应用于存在电离辐射环境中的辐射剂量测量，用来监测设备的状态、环境的辐射量以及进行个人安全防护监测与放射性提示，在实际需求中有非常重要的作用。目前常用的个人剂量计常用探测器对比如表 3.5.1 所示。

表 3.5.1 常用探测器的优缺点

探测器	优点	缺点
电离室	结构简单，能量响应好	需要附加高压，信号处理电路复杂；体积较大，不便于仪器小型化；灵敏度低，响应慢；使用环境要求相对较高

续表

探测器	优点	缺点
盖革计数管	灵敏度高,探测范围广,输出信号幅度大,配套仪器简单、便宜	不能快速计数;不能鉴别粒子的能量和种类
无机闪烁体探测器	分辨时间短、效率高;能量分辨力较好	光衰减时间较长
半导体探测器	体积小、重量轻、响应速度快、灵敏度高,易与其他半导体器件集成	能量响应较差

当前,电子式个人剂量计越来越受到各国的重视。在核应急保障和日常工作中,可靠性强、灵敏度高的电子式个人剂量计的重要性日益凸显,未来剂量计的主要发展方向有以下两个方面:一是便携化,智能化。未来的剂量计会更加智能和便携,具有更强的易用性。这包括集成更先进的传感器技术、数据处理和分析功能,使得剂量计能够更快速、准确地监测和记录辐射剂量。同时,剂量计的尺寸可能会更小,重量可能会更轻,使其方便携带和使用,在各种场景下更加实用。二是多功能化和多用途性。未来的剂量计可能会趋向于多功能化和多用途性,拥有更宽的测量范围,不仅能够监测辐射剂量,还能实现其他功能,如放射源识别、环境监测等。这样的剂量计能够更全面地满足不同用户的需求,同时也能够更好地应对各种复杂的辐射环境和应急情况。

这些发展方向将使得未来的剂量计的使用更加便捷,提高其在辐射监测和应急响应领域的应用价值和效率。同时,随着科学技术的不断进步和创新,剂量计可能会出现更多新颖的设计和功能,以满足不断变化的需求和挑战。

3.5.2.3 我国物理剂量估算方法发展现状

我国很早开始关注核辐射安全和应急响应,明确提出了事故剂量估算的目的、可能造成的事故情况、剂量估算的基本原则和一般程序、事故辐射监测、事故剂量表示方法。1955年，我国颁布了国家标准《放射事故个人外照射剂量估计原则》，之后又分别颁布了《核事故应急情况下公众受照剂量估算的模式和参数》与《放射性核素摄入量及内照射剂量估算规范》等标准，使我国事故人员外照射剂量估算更加科学化、规范化。

我国早期事故剂量估算的主要方法是根据事故过程调查确定照射条件、时间及源活度，根据经验公式求出剂量学量。其后通过对事故后剂量测量方法发展的研究，利用人体佩带物作为事故剂量计并由此提供剂量估算的客观判据，之后利用组织等效仿真人体模型进行事故过程模拟，从而大大减少了事故剂量估算中的人为误差，提高了结果的准确度。目前，我国使用的经验估算公式大多基于ICRP报告，而ICRP报告是基于欧美人种提出的模型总结和经验公式，未来为了更准确地估计我国居民的受照剂量，需要开发针对我国人种的经验公式，或对现有公式进行修正，使得结果更加准确。

中国核应急剂量估算方法的发展经历了从技术引进到自主研发再到技术提升与应用拓展的过程，但仍须不断完善和提升剂量估算的方法和技术，以确保应对可能发生的核事故，保障公众和环境的安全。

第4章 生物剂量估算

4.1 概述

生物剂量估算（biodosimetry）是利用辐射生物指标定量估算受照个体吸收剂量的方法。最早将生物指标应用于生物剂量估算研究的是2位美国学者Bender和Gooch，他们于20世纪60年代初利用X射线离体照射人血，首次发现人体细胞染色体畸变（chromosomal aberration，CA）率与照射剂量间明显呈正相关关系，并分别建立了基于每细胞染色体断裂数和"双着丝粒染色体+环"的2条剂量-效应曲线。进一步研究显示离体照射哺乳动物血细胞诱发的CA率与活体照射所得结果基本一致，并提出可利用CA作为生物剂量指标估算事故情况下人员的受照剂量。之后这两位学者首次应用外周血淋巴细胞CA分析方法，对1966年发生在美国汉福特"Recuplex"核事故中的3例受到中子、γ射线混合照射的受照人员进行了生物剂量估算，估算的剂量与物理剂量和临床诊断基本一致，从而开启了生物剂量估算的新纪元。

随后研究人员针对CA特别是双着丝粒染色体（dicentrics chromosome，

dic）指标估算生物剂量开展了系统研究，发现 dic 作为辐射生物指标具有估算剂量的基本条件：a. 在受照后一定时间内和不同射线照射条件下，均有良好的剂量-效应关系；b. 在活体和离体照射中，剂量-效应关系具有一致性，且无明显差异；c. 具有较高的灵敏度和特异性，即有较好的稳定性和可重复性；d. 本底值低、个体差异小，不受年龄、性别等因素影响或受其影响小；e. 取样方便、操作简便且经济。因此，CA（dic）分析估算生物剂量方法自建立以来，已广泛应用于包括苏联切尔诺贝利核电站事故、日本福岛核电站事故等国内外核与辐射事故受照者的生物剂量估算，利用 dic 指标估算生物剂量也是迄今为止唯一一个得到国际学界普遍认可的"金标准"。此外，CA 指标除应用于急性照射时的生物剂量估算外，稳定性染色体畸变如易位（translocation，t），已在日本原子弹爆炸幸存者、早先事故受照者和长期低剂量暴露受照者生物剂量的重建以及低剂量电离辐射生物效应的评价等方面积累了较为丰富的资料，具有重要实用价值。

20 世纪 90 年代以来，一些更为简便的细胞遗传学方法，如胞质分裂阻断微核和早熟染色体凝集环（premature chromosome condensation-ring，PCC-R）指标，亦在生物剂量估算中有较好的推广应用。与染色体畸变分析相比，这些方法各有优缺点，前者的优点为方法简便、易于掌握，但有估算剂量的响应时间短和估算剂量的响应范围相对较窄等不足，后者在 5~20 Gy 估算剂量范围内有优势，小于 5 Gy 时估算剂量偏差相对较大。鉴于这 2 种剂量估算方法均有一定局限性，因此针对不同辐射场景的核与辐射事故首选的仍然是采用 dic 分析来估算生物剂量，另外 2 种细胞遗传指标可对估算的剂量进一步补充和完善。

近年来，随着人工智能的发展和数字图像技术的进步，针对上述细胞遗传学指标相继开发出了快速和高通量的检测系统，已实现全自动、快速和高通量的生物剂量估算，可满足发生大规模核与辐射事故时快速医学应急响应和高通量估算生物剂量的需要。此外，以基因、蛋白质和代谢产物为指标的新型分子水平生物剂量估算方法研究亦取得一定进展，这些指标虽具有取样方便、操作简便、快速和易于自动化等优点，但由于其时间响应普遍过短，个体差异大，易受年龄、性别等因素影响，迄今为止在生物剂量估算中尚未得到较好的推广应用。本章重点介绍目前常用的细胞遗传学生物剂量估算方法及其在核与辐射事故生物剂量估算中的应用现状与进展情况。

4.2 染色体畸变分析法

4.2.1 人类染色体

染色体（chromosome）是遗传物质——基因的载体。真核细胞的基因大部分存在于细胞核内的染色体上，通过细胞分裂基因随着染色体的传递而传递。在不同物种中，染色体的数目、形态结构、大小各具不同特征；而在同一物种中染色体的形态结构、数目是相对恒定的。所以，染色体无论是数目异常还是结构畸变，都会导致大片段基因的增加或缺失，进而产生染色体畸变。

4.2.1.1 染色质与染色体

染色质（chromatin）与染色体是同一种物质在细胞周期的不同时期中的不同存在形式。染色质和染色体是一种由 DNA、组蛋白、非组蛋白及 RNA 等组成的核蛋白复合物，是核基因的载体。染色质是细胞间期核内伸展的 DNA－蛋白质纤维，而染色体则是高度螺旋化的 DNA－蛋白质纤维，是间期染色质结构紧密盘绕折叠的结果。

1. 染色质

染色质是 DNA 和蛋白质的复合体。伸展的染色质在电镜下呈现出串珠样的结构，珠间由细丝相连，每一珠体与其旁的珠间细丝为一个单元，即核小体（nucleosome）。其中，珠体为核小体的核心，珠间细丝为连接区。因此，染色质是由一条 DNA 分子缠绕无数核小体核心组成的核蛋白纤维。间期细胞核的染色质可根据其所含核蛋白分子的螺旋化程度以及功能状态的不同分为常染色质（euchromatin）和异染色质（heterochromatin）两类。

常染色质在细胞间期螺旋化程度低、呈松散状、染色较浅而均匀，含有单一或重复序列的 DNA，具有转录活性，常位于间期细胞核的中央部位。异染色质在细胞间期螺旋化程度较高，呈凝集状态，而且染色较深，多分布在核膜内表面，其 DNA 复制较晚，含有重复 DNA 序列，很少进行转录或无转录活性，为间期细胞核中不活跃的染色质。异染色质又分为两种：一种称为专性异染色质或结构异染色质（constitutive heterochromatin），结构异染色质是异染色质的主要类型，这类异染色质在各种细胞中总是处于凝缩状态，一般为高度重复的 DNA 序列，没有转录活性，常见于染色体的着丝粒区、端粒区、次缢痕，以及 Y 染色体长臂远端 2/3 区段等。另一种为兼性异染色质（facultative heterochromatin），也叫功能异染色质，这类染色质是在特定细胞中或在某一特定发育阶段，由常染色质凝缩转变而形成的。在浓缩时基因失去了活性，无转录功能，当其处于松散状态时，又能够转变为常染色质，恢复其转录活性。例如，X 染色质就是一种兼性异染色质。

2. 染色体

染色体是由染色质通过多级螺旋包装形成的。每条染色体在复制前含有一条 DNA 双螺旋分子。人类的一个基因组中的 DNA 含有约 3.2×10^9 个碱基对（base pair，bp），平均每一条染色体的 DNA 含有 1.3×10^8 个碱基对，以每一碱基对间距 0.34 nm 计算，每一条染色体上的 DNA 的总长度约有 5 cm。染色质的基本单位是核小体，核小体由核心颗粒和连接区两部分组成。核心颗粒的核心由四种组蛋白 H2A、H2B、H3、H4 各 2 个分子所形成的八聚体以及围绕在八聚体周围的 DNA 所组成，其直径约 11 nm。这段 DNA 称为核心 DNA，约有 146 个碱基对，围绕核心颗粒外周 1.75 圈。两个核心颗粒之间的 DNA 链称为连接区，这段 DNA 长约 60 个碱基对。连接区 DNA 的长度差异较大，短的只有 8 bp，长的可达 114 bp。无数个重复的亚单位——核小体通过一条 DNA 分子串联起来形成一条串珠状的纤维。这就是染色体的一级结构，DNA 的长度被压缩了 7 倍。由核小体构成的串珠状纤维进一步螺旋化形成螺旋管（solenoid），DNA 的长度又被压缩了 6 倍，螺线管是染色体的二级结构。螺线管进一步螺旋化形成超螺旋管（super solenoid），DNA 的长度又被压缩了 40 倍，超螺线管是染色体的三级结构。超螺线管再缠绕折叠形成了有丝分裂中期的染色体，DNA 的长度又压缩了 5 倍，这是染色体的四级结构。经过四级包装，染色体中的 DNA 长度被压缩了近万倍，就形成了在细胞增殖周期有丝分裂中期细胞核内易被碱性染料着色的在光学显微镜下可见的丝状或棒状小体，称为染色体。

4.2.1.2　人类染色体的数目、结构和形态

1. 人类染色体的数目

不同物种的染色体数目各不相同，而同一物种的染色体数目是相对恒定的。例如，果蝇的染色体数目为 8 条，小鼠为 40 条，人类是 46 条。染色体数目的恒定对维持物种的稳定性具有重要作用，也是鉴定物种的重要标志之一。在真核生物中，一个正常生殖细胞中所含的全套染色体称为一个染色体组，其上所包含的全部基因称为一个基因组（genome）。具有一个染色体组的细胞称为单倍体（haploid），以 n 表示；具有两个染色体组的细胞称为二倍体（diploid），以 $2n$ 表示。人类正常体细胞染色体数目是 46 条，即 $2n = 46$ 条，正常人精子或卵子中染色体数为 23 条，即 $n = 23$ 条。

2. 人类染色体的结构和形态

在细胞增殖周期中的不同时期，染色体的形态结构不断发生变化，其在有丝分裂中期的形态是最典型的，在光学显微镜下可观察到，常用于染色体结构形态和染色体畸变分析。

（1）染色单体（chromatid）：每一条中期染色体都具有两条染色单体，互称为姐妹染色单体，各含有一条 DNA 双螺旋链（图 4.2.1）。

（2）着丝粒（centromere）：两条染色单体之间由着丝粒相连接，着丝粒处凹陷缩窄称为主缢痕（primary constriction）。着丝粒是动粒（kinetochore）形成的位点，并与纺锤体的微管相连，在细胞分裂中与染色体的运动密切相关，失去着丝粒的染色体片段通常因不能在分裂后期向两极移动而丢失。着丝粒还含有"卫星"DNA 序列，是一种短串联重复 DNA 序列，通常具有染色体特异性。着丝粒将染色体分为短臂（p）和长臂（q）两部分（图 4.2.1）。

（3）端粒（telomere）：在短臂和长臂的末端分别有一特化部位称为端粒。端粒是一种特殊的蛋白质-DNA 结构，含有 TTAGGG 6 个核苷酸重复的延伸序列，起着维持染色体形态结构的稳定性和完整性的作用（图 4.2.1）。它可以保护染色体末端不被降解，并防止与其他染色体的末端融合。端粒长度的缩短与体细胞的衰老有关。

（4）次缢痕（secondary constriction）：在某些染色体的长、短臂上还可见凹陷缩窄的部分，称为次缢痕。次缢痕与核仁的形成有关，称为核仁形成区或核仁组织区（nucleolus organizing region，NOR）。NOR 含有核糖体 RNA 基因 18s 和 28s 的 rDNA，其主要功能是转录 rRNA，参与核糖体大亚基前体的合成，常见于 1，3，9，16 号和 Y 染色体（图 4.2.1）。

（5）随体（satellite）：人类近端着丝粒染色体的短臂末端有一球状结构，称为随体（图 4.2.1）。随体柄部为缩窄的次缢痕。

着丝粒在染色体上的位置是恒定不变的，根据着丝粒的位置可将染色体分为4种类型：a. 中着丝粒染色体（metacentric chromosome），着丝粒位于染色体纵轴的 1/2~5/8 之间，着丝粒将染色体分为长、短相近的两个臂；b. 亚中着丝粒染色体（submetacentric chromosome），着丝粒位于染色体纵轴的 5/8~7/8 之间，着丝粒将染色体分为长、短不同的两个臂；c. 亚端或近端着丝粒染色体（acrocentric chromosome），着丝粒靠近一端，位于染色体纵轴的 7/8 至末端之间，短臂很短；d. 端着丝粒染色体（telocentric chromosome），着丝粒位于染色体的末端，没有短臂。人类染色体只有前三种类型，即中着丝粒染色体、亚中着丝粒染色体和亚端着丝粒染色体（图 4.2.1）。

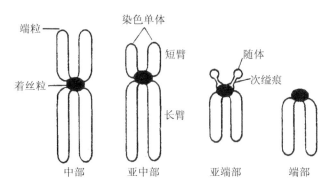

图 4.2.1　中期染色体的 4 种基本构造和各部分名称

4.2.1.3　人类染色体的命名与核型

1. 人类染色体的命名

依据《人类细胞遗传学国际命名系统》（*An International System for Human Cytogenetics Nomenclature*，ISCN 2009）报告，人类染色体是以几届国际会议的结果命名的（1960 年丹佛会议、1963 年伦敦会议、1966 年芝加哥会议、1975 年巴黎会议、1977 年斯德哥尔摩会议、1994 年孟菲斯会议和 2004 年温哥华会议）。报告综合了当代命名规则，整理并代替了前述

ISCN 的推荐报告，ISCN 标准委员会推荐该套命名系统可以用于其他物种，主要根据染色体长度和着丝粒的位置等对人类体细胞 46 条染色体进行配对、排列顺序、编号。1~22 号为常染色体（euchromosome），为男女共有的 22 对染色体；其余一对随男女性别而异，为性染色体（sex chromosome），女性为 XX，男性为 XY。

一个体细胞中的全部染色体按其大小、形态特征顺序排列所构成的图像就称为核型（karyotype）。将待测细胞的核型进行染色体数目、形态特征的分析，确定其是否与正常核型完全一致，称为核型分析（karyotype analysis）。

2. 人类染色体非显带核型

在非显带核型图的组成中，常染色体依照长度递降的顺序用数字 1~22 编号（唯一的例外是 21 号比 22 号短），性染色体用 X 和 Y 表示。用于表示各组染色体的字母是在伦敦会议（1963）上确定的。

常规技术制作的人类染色体即非显带染色体，可用以下 3 个参数描述：a. 相对长度，以每一条染色体的长度占一个正常单倍体组总长度（22 条常染色体和 X 染色体长度之和）的百分率表示；b. 染色体比率，以长臂相对于短臂的长度比率表示；c. 着丝粒指数，以短臂的长度对该染色体的全长之比率来表示。后面 2 个参数密切相关。根据染色体大小递减的顺序和着丝粒的位置，人类染色体可分为 7 个容易区分的组，即 A~G 组，X 染色体列入 C 组，Y 染色体列入 G 组（表 4.2.1）。

表 4.2.1　人类染色体非显带核型分组与各组染色体的形态特征

组号	染色体编号	大小	着丝粒位置	次缢痕	随体	可鉴别程度
A	1~3	最大	中（1、3号）亚中（2号）	1号常见	无	彼此可鉴别
B	4~5	次大	亚中		无	彼此难鉴别
C	6~12 和 X	中等	亚中	9号常见	无	彼此难鉴别
D	13~15	中等	亚端/近端		有	彼此难鉴别
E	16~18	小	中（16号）亚中（17、18号）		无	16号可鉴别 17、18号难鉴别
F	19~20	次小	中		无	彼此难鉴别
G	21~22	最小	亚端/近端		有	彼此难鉴别
	Y*	次小或最小	亚端/近端		无	可鉴别*

注：* Y 染色体具有以下特征：① 呈现异固缩状态；② 它的两条染色单体一般不呈分叉状，几乎是相平行的；③ 在许多细胞中，其长臂可见到次缢痕；④ 无随体；⑤ 其长臂的端部模糊不清，呈"细毛状"。可在常规核型分析中将 Y 染色体与 21 号和 22 号染色体区分开来。

核型的描述包括两部分内容：染色体总数和性染色体的组成。两者之间用","分隔开。正常女性核型的描述为：46, XX；正常男性核型的描述为：46, XY。在正常核型中，染色体是成对存在的，每对染色体在形态结构、大小和着丝粒位置上基本相同，其中一条来自父方的精子，另一条来自母方的卵子，称为同源染色体（homologous chromosome）。而不同对染色体彼此称为非同源染色体（图 4.2.2）。

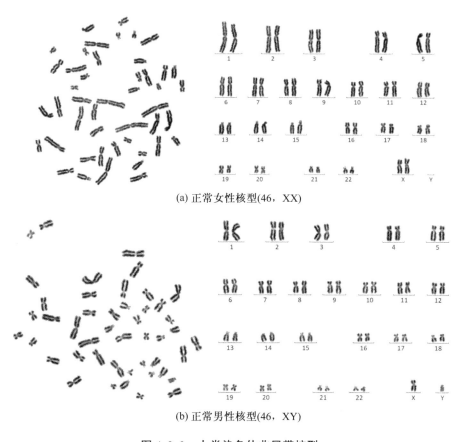

(a) 正常女性核型(46, XX)

(b) 正常男性核型(46, XY)

图 4.2.2　人类染色体非显带核型

3. 人类染色体命名符号与术语

应用染色体显带技术可以识别染色体细微的结构异常。为了能够简明地描述这些异常的核型，1977 年在斯德哥尔摩和 1981 年在巴黎召开的国际会议上议定的《人类细胞遗传学国际命名系统》（ISCN 1978，ISCN 1981），制定了统一的命名符号和术语（表 4.2.2）。

表 4.2.2 核型分析中常用的符号和术语

符号和术语	含意	符号和术语	含意
A~G	染色体组的名称	ph	费城染色体
1~22	常染色体序号	pro	近侧
ace	无着丝粒断片	q	长臂
cen	着丝粒	qr	四射体
chi	异源染色体	r	着丝粒环
cs	染色体	rep	相互易位
ct	染色单体	rea	重排
del	缺失	rac	重组染色体
der	衍生染色体	rob	罗伯逊易位
dic	双着丝粒染色体	s	随体
dup	重复	t	易位
e	交换	tan	串联易位
end	（核）内复制	ter	末端
f	断片	tr	三射体
fem	女性	tri	三着丝粒染色体
fra	脆性部位	var	可变区
g	裂隙	mar	标记染色体
h	次缢痕	→	从……到……
i	等臂染色体	/	嵌合体染色体
ins	插入	:	断裂
inv	倒位	::	断裂与重接
mal	男性	+或-	在染色体和组号前面表示染色体或组内染色体增加或减少；在臂或结构后面表示这个臂或结构的增加或减少
mat	母源的		
min	微小体		
mos	嵌合体		
p	短臂	?	不能确定识别的染色体或结构
pat	父源的		

4.2.2 染色体畸变

4.2.2.1 染色体畸变定义与染色体畸变类型

染色体畸变是指染色体在受到物理、化学和生物因素的影响时发生的数目和结构的改变。因此，染色体畸变可分为结构畸变和数目异常两大类。其中，染色体结构畸变可分为染色体型畸变（chromosome type aberration）和染色单体型畸变（chromatid type aberration），染色体数目异常又可分为整倍性改变和非整倍性改变。

1. 染色体结构畸变

染色体结构畸变与细胞周期具有一定关系。细胞周期（cell cycle）是指细胞从一次分裂完成开始到下一次分裂结束所经历的全过程，分为间期（interphase）与分裂期（mitotic phase）两个阶段。间期又分为三期，即 G_1 期（DNA 合成前期，presynthetic gap）、S 期（DNA 合成期，synthetic gap）与 G_2 期（DNA 合成后期，postsynthetic gap）。细胞分裂期分为前期（prophase）、中期（metaphase）、后期（anaphase）和末期（telophase）。G_0 期是暂时离开细胞周期，即停止细胞分裂，去执行一定生物学功能的细胞所处的时期，在某种刺激下一些细胞会重新进入细胞周期。例如，人类的淋巴细胞就是保持在 G_0 期，在植物血凝素（phytohemagglutinin，PHA）的刺激下可以重新进入细胞周期。

染色体结构变化的特点取决于受到损伤时细胞处于周期的哪个阶段。一般来说，体细胞大部分时间处于间期，而有丝分裂过程的时间很短，只有 1～2 h。受损伤的细胞中产生的染色体结构畸变虽然要到有丝分裂中期才能看到，但实际上，几乎所有的畸变都是间期损伤的结果。染色体结构畸变主要分为两大类，即染色体型畸变和染色单体型畸变。前者涉及染色体两条单体上的相同位点，而后者仅涉及染色体一条单体上的一定位点。这取决于受损伤时细胞所处的时相，也取决于诱变剂的种类。如果细胞在

G_0 或 G_1 期受到损伤，由于 DNA 尚未合成，染色体是以单线行使功能，由此造成的损伤经 S 期复制成两份，所以染色体的两条单体改变相同，形成染色体型畸变。如果细胞在 G_2 期受到损伤，此时染色体已经过 S 期复制形成两条染色单体，所涉及的损伤一般只是两条染色单体中的一条，即使两条染色单体都受到损伤，但损伤的部位也未必相同。所以，在中期观察时，如两条染色单体改变不相同，则形成的是染色单体型畸变（图 4.2.3）。

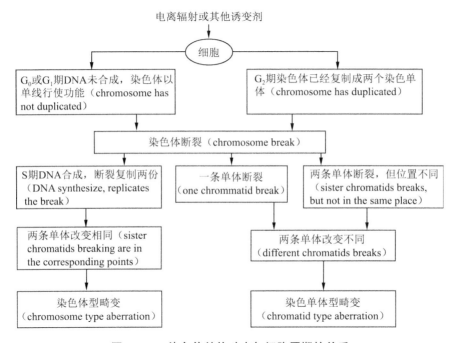

图 4.2.3　染色体结构畸变与细胞周期的关系

（1）染色体型畸变：在诱变剂的作用下，染色体损伤依其结构变化的形式分为两种：一种是简单的缺失，即断裂的片段丢失；另一种是结构重建。染色体型畸变主要有以下几种类型。

① 末端缺失（deletion，del）和无着丝粒断片（acentric fragment，ace）：一条染色体的长臂或短臂的远端发生一次断裂后，断片离开原位，

导致一个正常染色体丢失了末端区段,故称为末端缺失。但在常规染色体标本中如果缺失的区段较小,就无从查知这种异常染色体。所以,实际上人们观察的是断裂下来的片段,它们为一对彼此平行的染色单体,但没有着丝粒,故称为 ace。这是唯一的电离辐射一次击中畸变。

② 微小体(minute,min):典型的为一对圆形的染色质球,比无着丝粒断片小。染色体臂内发生两次断裂,形成三个片段。两个断裂之间的片段离开原位二端连接形成一个球体,余留的两个断端在断面直接相接形成一条中间缺失的染色体。

③ 无着丝粒环(acentric ring,ar):为一对环形染色单体,没有着丝粒。它与微小体实际上是一种畸变类型,二者之间的区别仅在于断裂点之间的距离不同。无着丝粒环断裂点之间的距离较大,故形成一对空心圆或中央略凹陷的单体。

④ 着丝粒环(centric ring,r):为一对环形染色单体,由于有着丝粒,两个环在着丝粒处仍相连。在染色体长、短臂各发生一次断裂,含有着丝粒的片段两端断面相互连接成环状结构;两个无着丝粒的片段连接成一断片。计数染色体畸变时,着丝粒环加上断片计为一个染色体畸变。着丝粒环和无着丝粒环很容易区别,前者有着丝粒,并伴有一个(偶尔两个)断片。

⑤ 双着丝粒染色体(dicentrics,dic)或多着丝粒染色体(polycentric,pic):具有两个或两个以上着丝粒的染色体称为双着丝粒染色体或多着丝粒染色体,为不对称互换。两条或两条以上染色体各发生一处断裂,具有着丝粒部分连接成双着丝粒染色体或多着丝粒染色体,而无着丝粒片段相接形成断片。在计数染色体畸变时,双着丝粒染色体要伴有一个断片,合起来计作一个畸变;如果为多着丝粒染色体(n 个着丝粒),则应换算成 $(n-1)$ 个双着丝粒染色体,同时伴有 $n-1$ 个断片。

⑥ 相互易位(reciprocal translocation,rep):两条染色体各发生一处

断裂，并相互交换其无着丝粒片段，形成两个重排染色体。因为交换是对称性的，所以也称对称性交换。在相互易位中，如果互换的片段大小相差悬殊，则结构重排的两条染色体的形态发生很大变化，其中一个明显变长，而另一个变短，可在非显带标本中得以识别。但是，如果互换的片段大小相近，那么由此衍生出的两条染色体尽管结构起了变化，而外形几乎不变。在这种情况下，可借助显带技术或荧光原位杂交技术加以鉴别。

⑦ 倒位（inversion，inv）：一条染色体发生两处断裂，形成上、中、下三个片段，中段上下颠倒后和上、下两段相接，形成倒位。根据两个断裂点的发生部位，倒位可分臂内和臂间倒位两类。两处断裂如果发生在着丝粒两侧，形成的倒位称为臂间倒位；两处断裂如果发生在着丝粒一侧（长臂或短臂），形成的倒位称臂内倒位。在应用显带技术以前，臂内倒位是无法检出的，因为染色体的长度和着丝粒的位置都没有改变。但在臂间倒位中，如果两个断裂点与着丝粒之间的距离不等，而染色体着丝粒的位置发生了变化，在非显带标本上可加以识别。显带技术应用后，则无论是臂内还是臂间倒位，都可根据带型改变而被发现。

电离辐射会诱发染色体结构畸变。在正常情况下，哺乳动物包括人的外周血淋巴细胞不再进行分裂，几乎都处于 G_0 或 G_1 期。但 Nowell 在 1960 年意外地发现，离体条件下的 T 淋巴细胞在 PHA 的作用下，被刺激转化成幼细胞，随之进入细胞分裂。20 世纪 70 年代起，人们采用微量全血培养法进行染色体研究。该方法具有以下优点：实验设备简单、取材方便，1 mL 血含小淋巴细胞 $(1\sim3)\times10^6$ 个，经短期（48 h）培养可提供大量供分析的分裂细胞；淋巴细胞为同步化细胞，处于 G_0 或 G_1 期，对辐射的敏感性一致；淋巴细胞遍及全身，循环于各器官、组织，是研究电离辐射损伤较理想的生物体系。所以，取受照个体的外周血进行离体培养，在受照后第一次分裂细胞中观察到的主要为染色体型畸变。在体细胞受到照射时，电离辐射诱发的染色体畸变主要为上述 del/ace、min、ar、r、dic/

pic、rep、inv 7 种类型的染色体型畸变。

在上述 7 种染色体型畸变中，除末端缺失外，其余 6 种畸变均为二次击中畸变，这些畸变是评价电离辐射所致染色体结构异常的主要观察指标。目前，在非显带染色体标本中最常用的指标为双着丝粒染色体和着丝粒环。其中，双着丝粒染色体的自发率低（0.01%~0.05%），形态特殊，并伴有断片，易于识别，在体内持续时间较长。在正常个体受照的淋巴细胞中，双着丝粒染色体的剂量-效应关系几乎不受性别和年龄的影响。在活体和离体照射的研究中，双着丝粒染色体的剂量-效应曲线无统计学差异，所以双着丝粒染色体是电离辐射损伤程度和估算剂量的最佳指标。着丝粒环的诱发率仅为双着丝粒染色体的 5%~10%，故一般不单独使用，常与双着丝粒染色体合并估算剂量。

按照染色体型畸变在体内的转归，上述这些畸变又可分为非稳定性染色体畸变（unstable chromosome aberration，Cu）和稳定性染色体畸变（stable chromosome aberration，Cs）。

① 非稳定性染色体畸变：主要包括无着丝粒断片、微小体、无着丝粒环、着丝粒环和双着丝粒染色体（或多着丝粒染色体）。无着丝粒断片、微小体和无着丝粒环在畸变细胞分裂时，由于未附着于纺锤丝而往往丢失。而双着丝粒染色体如果两个着丝粒之间节段相互平行，两条单体可以正常分开，但当两个着丝粒之间有一定距离时，则易发生缠扭；或如果两个着丝粒分别被纺锤丝拉向相反两极，其结果为不发生分离，或者导致染色体桥的形成，桥在分裂后期被拉断，从而使遗传物质在细胞分裂过程中分配不均匀，造成子细胞遗传物质的不平衡，使其不能继续存活而导致细胞死亡。着丝粒环由于几何学上的原因，在细胞分裂时被丢失。以上这些畸变称为非稳定性畸变，含有这些畸变的细胞称为非稳定畸变细胞（Cu 细胞，图 4.2.4）。研究表明非稳定性畸变随时间的推移而迅速递减，含有双着丝粒染色体、着丝粒环的细胞每经过一次分裂仅存活 50%，如果细

胞内有两个或更多的非稳定性畸变，分裂后存活率更低。

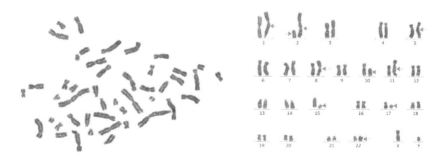

图 4.2.4　电离辐射诱发的非稳定性畸变（箭头所示为双着丝粒染色体和断片）

② 稳定性染色体畸变：主要包括相互易位、倒位和缺失。相互易位和倒位虽然会引起染色体片段的位置发生改变，但遗传物质没有变化，仍能保留基因的总数。在细胞分裂过程中，以上这三种畸变由于没有力学上的障碍，在子细胞中能相对恒定地保留下来，故称为稳定性畸变，含有这种畸变的细胞称为稳定畸变细胞（Cs 细胞，图 4.2.5）。对广岛、长崎原子弹爆炸幸存者进行的大规模细胞遗传学调查，以及先前事故受照者的研究都证明 Cs 为主要类型，且能长期保持恒定，对剂量-效应关系起主导作用，而 Cu 则因随时间的推移迅速丢失而降低。

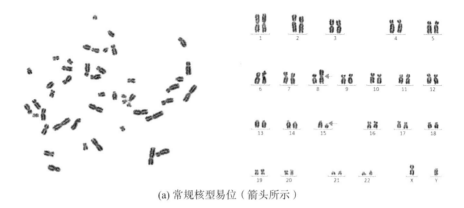

(a) 常规核型易位（箭头所示）

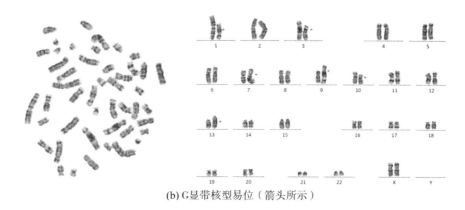

(b) G显带核型易位（箭头所示）

图 4.2.5　电离辐射诱发的稳定性畸变

（2）染色单体型畸变：当细胞处于 S 期或 G_2 期并受到照射时，由于染色体已复制为两条单体，故诱发的畸变是染色单体型畸变，主要包括染色单体断裂、染色单体互换、裂隙等。

① 染色单体断裂（chromatid break，ctb）：指一条染色单体断裂，且远端部分离开了原来的位置，导致染色单体缺失和染色单体断片形成。

② 染色单体互换（chromatid exchange，cte）：指两个或两个以上的染色单体断裂，断裂端互换重接后形成新的染色体，如三射体（triradial，tr）和四射体（quadriradial，qr）等。互换可以发生在不同染色体的染色单体间，称为间互换，也可以发生在一条染色体的染色单体间或染色体内，称为内互换。

③ 裂隙（gap，g）：指一条染色单体上的非染色区（非染色质裂隙）的染色单体出现轻微的错排，光镜下显示为很小的裂缝，其宽度不超过染色单体横径。裂隙又分为染色单体裂隙（chromatid gap，ctg）和等点染色单体裂隙或染色体裂隙（chromosome gap，csg）。

由于物理、化学和生物因素均能诱发染色单体型畸变，而且人体受到电离辐射照射后从外周血淋巴细胞观察到的染色单体型畸变与受照剂量无直接关系，所以染色单体型畸变一般不作为评价电离辐射损伤的观察指标。

2. 染色体数目异常

正常人体细胞一般含有 23 对同源染色体，由父方精子带来的一组染色体（n）和母方卵子带来的一组染色体（n）共同组成，用 $2n$ 表示。正常二倍体染色体组或整条染色体数量上的增减，称为染色体数目异常。细胞在分裂过程中，若受到某些诱变剂的作用，染色体分离会出现障碍，可以出现异倍体（heteroploid）。根据染色体数目，细胞有多倍体和非整倍体等。

① 多倍体（polyploid）：具有两个以上染色体组的细胞，如三倍体（$3n$）和四倍体（$4n$）等。

② 非整倍体（aneuploid）：在正常二倍体染色体中，某对同源染色体减少或增加一条或多条，其他染色体对仍保留二倍体不变，这样的细胞称为非整倍体。比二倍体少一条或数条染色体的细胞称为亚二倍体（hypoploid），比二倍体多一条或数条染色体的细胞称为超二倍体（hyperploid）。如果两次细胞分裂之间染色体不是复制一次而是两次，形成包含 4 条姐妹染色单体的异常染色体，称为核内复制（endoreduplication）。

染色体数目变化在染色体病、遗传病及肿瘤的诊断中具有重要意义，电离辐射一般不引起染色体数目变化，而且染色体数目减少易受其他因素的影响。在辐射远后效应研究中，有报道用 G 显带方法分析日本广岛原子弹爆炸时宫内受照者 264 例，年龄 40 岁左右，发现体细胞中非整倍体多由于常染色体异常，并与染色体的长度有关，主要是小染色体组如 21 号染色体；染色体的丢失多于增加，其中以 21 号染色体及性染色体丢失多见，X 染色体丢失女性多于男性，非整倍体频率与照射剂量大小无依赖关系。

4.2.2.2 染色体自发畸变率

人类由于受到宇宙射线等天然本底辐射的作用，在未受到附加照射的细胞中也能见到畸变，通常称之为自发畸变（spontaneous aberration）。除天然本底辐射外，其他因素如病毒、环境中一些诱变物质也能诱发染色体畸变。自发畸变的类型和辐射引起的类型相同，只是自发畸变的频率很低，主要见到的是 ace，dic 则很少见。国际上报道 dic 自发畸变值为 0.1×10^{-3}，ace 为 $2.0\times10^{-3} \sim 4.5\times10^{-3}$。我国居民的自发畸变值和国外报道的近似，dic 介于 $0.1\times10^{-3} \sim 0.5\times10^{-3}$，ace 介于 $1.1\times10^{-3} \sim 3.2\times10^{-3}$，一般自发畸变值 dic 取 1/3 000，ace 取 3/3 000。根据文献报道，自发畸变值不受性别影响，但随着年龄的增加有增高的趋势。以往由于技术方法的局限，无法精确测得易位值，近年来，由于对早先受照者的剂量估计受到重视，对易位的自发频率进行了深入研究。随着荧光原位杂交（FISH）方法的建立与开展，文献上报道的用一般方法测得的日本广岛未受照人群易位自发畸变值为 $(0.5\sim4)/1\,000$ 细胞，用 FISH 法测得的为 $(5.6\sim7.9)/1\,000$ 细胞，Straume 报道的是 $(7.3\pm1.4)/1\,000$ 细胞。

4.2.2.3　染色体畸变形成的机制

关于染色体畸变形成的机制较为复杂，目前还不十分清楚。迄今为止关于染色体结构畸变的形成方式主要有两种假说：一是断裂-重接假说，也叫断裂第一假说，这是一种经典假说。二是互换假说。

1. 断裂-重接假说

根据这一假说，畸变的形成是由于一个电离粒子（或为自发的）经过间期细胞核中染色体的连续结构，或一个电离粒子经过染色体附近时，导致染色体直接或间接断裂。这种断裂的趋势不外乎是以下三个中的一个：a. 断裂按原来的样子重新连接，以致在细胞学上无法加以辨认，这称为愈合；b. 和其他的断裂重接成新的图形，形成染色体重接，这种重接大多数能在细胞学上观察到；c. 断裂不再重接，依然游离，造成末端缺失。电子径迹导致染色体上产生一个断裂，由于这是一个电离粒子的径迹上产生的，称为一击畸变。而一切染色体内或染色体之间的结构重接，至少需要两个断裂方可进入互换过程。所以，互换畸变是指由单个或几个（通常是两个）独立的电子径迹产生几个断裂产物，从而导致二击、三击畸变。因此，互换畸变大多数是二击畸变。末端缺失和无着丝粒断片依然保持其原来的断裂面，成为染色体结构的一种稳定状态，这是唯一的一击畸变。愈合代表自然地修复了辐射引起的损伤。

2. 互换假说

这一假说认为，所有的畸变（包括简单的染色单体断裂在内）都是互换的结果。这一假说中，电离辐射引起的原发事件不是断裂，而是使接近电离粒子径迹处的染色单体丝上出现一种不稳定状态，这种不稳定状态的本质还不清楚。这种不稳定状态彼此间可以起反应；或者由于空间的关系不起反应，那就得以复原。如果有 2 个这样的不稳定区（它们是由 2 个电离粒子二次击中独立地产生或由 1 个电离粒子产生的）相互起作用，这一过程称为互换的"前奏"。然后才是真正的互换过程，就是按照减数分裂中的交换那样进行（交换可完全或不完全），交换的结果便导致染色体畸变。如果两条姐妹染色单体之间发生不完全互换，便可导致染色单体畸变。互换可以在这两个区域相互反应的时候，也可以在反应之后的一段时间。这种不稳定状态延续的时间，相当于经典假说中从断裂到重接所需要的时间。互换假说还有一个重要假定，就是只有当间期细胞核中的染色体为去螺旋化的状态并形成一个圈的时候，互换才能在这个圈中进行。显然畸变的形成还取决于它的空间位置。这就是所谓的"位置概念"，即在一个细胞核内，只有少数位置（有限的空间体积）中的染色体紧密地靠在一起，这些染色体上的原发损伤按其空间位置处于所谓的"重接距离"之内，彼此可以相互作用，从而导致互换畸变。

由此可见，以上两种假说在许多实际含义上并无大的差别，它们都符合靶子学说，但都不够完善，以致人们在许多研究中有时用经典假说来解释，而在另一些场合则用互换假说来解释。

4.2.2.4 影响染色体畸变的因素

导致染色体畸变的因素有多种，归纳起来可以分为以下几种：物理因素、化学因素、生物因素和母亲年龄。

1. 物理因素

在自然空间存在的各种各样的射线都可对人体产生一定的影响，但其剂量极微，故影响不大。但大量的电离辐射具有极大的潜在危险。例如，放射性物质爆炸后散落的放射性尘埃、医疗上所用的放射线等，对人体都有一定的损害；工业放射性物质的污染也可引起细胞染色体的改变。细胞受到电离辐射后，染色体会发生异常。畸变率随射线剂量的增加而增高，最常见的畸变类型有无着丝粒断片、双着丝粒染色体、着丝粒环和易位等。除了电离辐射外，紫外线等电磁辐射也可诱发染色体畸变，常见的由电磁辐射引起的畸变类型有无着丝粒断片、染色单体断裂等非稳定性染色体畸变。

2. 化学因素

许多化学物质，如一些化学药品、农药、毒物和抗代谢药等都可引起染色体畸变。据调查，某些化工厂的工人由于长期接触苯、甲苯等，出现染色体数目异常和发生染色体断裂的频率远高于一般人群。农药中的除草剂和用于杀虫的砷制剂等都是染色体畸变的诱变剂。

3. 生物因素

导致染色体畸变的生物因素包括两个方面：一是由生物体产生的生物类毒素，二是某些生物体如病毒本身。真菌毒素具有一定的致癌作用，同时也可引起细胞内染色体畸变。病毒也可引起宿主细胞染色体畸变，尤其是那些致癌病毒。其原因主要是其会影响 DNA 代谢。当人体感染某些病毒，如风疹病毒、乙肝病毒、麻疹病毒和巨细胞病毒时，就有可能引发染色体畸变。如果用病毒感染离体培养细胞，将会出现各种类型的染色体异常。

4. 母亲年龄

当母亲年龄较大时，所生子女的体细胞中某一序号染色体有三条的情况要多于一般人群。母亲年龄越大（大于35岁），生育先天愚型患儿的概率就越高。这与生殖细胞老化及合子早期所处的宫内环境有关。一般认为，生殖细胞在母体内停留的时间越长，受到各种因素影响的机会越多，在以后的减数分裂过程中，越容易产生染色体不分离而导致染色体数目异常的情况。

4.2.3 染色体畸变分析用于生物剂量估算的方法学

4.2.3.1 实验原理

外周血中的淋巴细胞几乎都处在 G_0 期或 G_1 期，一般情况下是不分裂的。在 PHA 的作用下，小淋巴细胞转化为淋巴母细胞，进入有丝分裂期。短期培养后，用秋水仙素或秋水酰胺处理使有丝分裂期细胞停留在分裂中期，经低渗、固定处理和制片后获得可以在光学显微镜下观察与分析的染色体标本。

4.2.3.2 染色体畸变检测的实验室条件和试剂配制

开展染色体畸变分析应具备一定的实验室和仪器设备条件，还有试剂配制和实验前准备等要求。

1. 染色体畸变检测实验室

（1）普通实验室：用于实验的前期准备、试剂的配制、染色体制片，面积 20~40 m²，配置超净工作台、大容量水平离心机、恒温培养箱、冰箱、试剂柜、温箱或水浴锅（箱）等。

（2）洗刷消毒室：用于洗刷实验用品，要有良好的上下水装置，配置电热烤箱、高压灭菌锅、酸缸等。

（3）染色体畸变分析室：用于染色体畸变分析，配置光学显微镜、高通量染色体自动扫描系统等。

2. 染色体畸变检测所需的仪器设备和用品

（1）超净工作台：首选双人双面、垂直送风型。

（2）恒温培养箱：选择适宜于细胞培养的隔水式恒温培养箱，二氧化碳培养箱更佳。

（3）离心机：可放置 10 mL 离心管的大容量水平式普通离心机。

（4）自动细胞收获仪：用于培养后中期细胞的收获。

（5）自动制片机：用于染色体标本制备。

（6）光学显微镜：有自带电源和标尺，油镜清晰（100×），配有数码照相机更佳。教学用显微镜更便于实验人员同时观察辨认染色体畸变。

（7）高通量染色体自动扫描系统：用于高倍染色体图片的捕获和 dic 自动分析。

（8）灭菌设备：干热灭菌或湿热灭菌所需的电热箱（有空气强制对流装置）或热压蒸汽灭菌器。

（9）冰箱：−20 ℃ 低温冰箱（用于贮存配好的试剂和血清）和 4 ℃ 普通冰箱（用于贮存近期所需的实验用试剂）。

（10）液体混合器：用于在配制培养液和试剂时搅拌。

（11）水浴锅（箱）：用于染色体标本制备时的低渗及最后温片滴片等。

（12）细胞培养瓶：可多次使用的无菌玻璃培养瓶（可用 10 mL 圆柱状青霉素瓶替代）或一次性塑料培养瓶。

（13）其他物品：尖底刻度离心管（10 mL）、吸管、载玻片、三角瓶（1 000 mL）、量筒、烧杯、染色缸、酒精灯和记号笔等。

3. 染色体畸变检测相关试剂的配制（化学试剂使用分析纯及以上级别试剂）

（1）肝素钠的配制：称取肝素钠 0.4 g，加入生理盐水至 100 mL，即成为 560 IU/mL 的肝素钠工作液。121 kPa、25 min 高压灭菌消毒，冷冻保存可长期使用。

（2）RPMI-1640 细胞培养液的配制：a. 取市场购买的 RPMI-1640 培养基粉一袋（10.4 g），倒入 1 000 mL 烧杯中，缓慢加入三蒸水至 950 mL，边加入边搅拌，然后放在磁力搅拌器上搅拌约 30 min 以上（不能加热），使之完全溶解；b. 加入无水碳酸氢钠（$NaHCO_3$）1.3 g 调整酸碱度，pH 7.0~7.2；c. 加入终浓度为 100 IU/mL 的庆大霉素，或加 100 U/mL 的青霉素和 100 mg/mL 的链霉素，如有条件优良的无菌实验室，并注意无菌操作，可不加抗生素；d. 加入谷氨酰胺 0.3 g，肝素钠工作液 8 mL，用 1 000 mL 容器瓶进行定容，在无菌室内的超净工作台上用微孔滤膜（0.22 μm）滤器抽滤灭菌；e. 在超净工作台内加入用无菌生理盐水稀释后的 PHA（培养液内的终浓度为 100~200 μg/mL）和 250 mL 的胎牛或新生牛血清，混匀后分装于培养瓶内，每瓶 5 mL 培养液，封口后置于 −20 ℃ 冰箱保存。

可购置具有医疗产品备案号的市售人外周血培养基直接用于细胞培养。

（3）秋水仙碱的配制：称取秋水仙碱 0.05 g，溶于 50 mL 生理盐水中，配成浓度为 1 000 μg/mL 的液体；从中取出 10 mL 加入 90 mL 的生理盐水，即为 100 μg/mL 的贮存液；取贮存液 10 mL 加入 90 mL 的生理盐水，即为 10 μg/mL 的秋水仙碱工作液。在超净台内用微孔滤膜（0.22 μm）滤器过滤，分装在经高压灭菌的玻璃瓶内封口，−20 ℃ 冰箱保存，备用。

（4）低渗液氯化钾（KCl）的配制：称取氯化钾 5.59 g，放入 1 000 mL 烧杯中，加双蒸水约 500 mL 使其充分溶解，用 1 000 mL 容量瓶定容，配制成浓度为 0.075 mol/L KCl 工作液，常温保存备用。

（5）固定液的配制：取甲醇 3 份、冰乙酸 1 份，配成体积比为 3∶1 的固定液。固定液须在用前新鲜配制。

（6）磷酸缓冲液的配制：磷酸缓冲液由甲溶液和乙溶液组成。

① 甲溶液为 1/15 mol/L 磷酸氢二钠（Na_2HPO_4）溶液：称取磷酸氢二钠（Na_2HPO_4）9.410 g（如果是带 2 个水分子的 $Na_2HPO_4 \cdot 2H_2O$，称取 11.876 g；如果是带 12 个水分子的 $Na_2HPO_4 \cdot 12H_2O$，则称取 23.87 g），放入 1 000 mL 烧杯中，加双蒸水约 500 mL 使其充分溶解，用 1 000 mL 容量瓶定容，配制成浓度为 1/15 mol/L 的磷酸氢二钠工作液，常温保存备用。

② 乙溶液为 1/15 mol/L 磷酸二氢钾（KH_2PO_4）溶液：称取磷酸二氢钾（KH_2PO_4）9.078 g，放入 1 000 mL 烧杯中，加双蒸水约 500 mL 使其充分溶解，用 1 000 mL 容量瓶定容，配制成浓度为 1/15 mol/L 的磷酸二氢钾工作液，常温保存备用。

③ 磷酸缓冲液的配制：由于人类的染色质偏碱性，故将磷酸缓冲液配成弱酸性染色效果好。以下几种配制方法均可使用。

取甲溶液 62.0 mL、乙溶液 38.0 mL，混匀即配成 100 mL，pH 为 7.0。

取甲溶液 50.0 mL、乙溶液 50.0 mL，混匀即配成 100 mL，pH 为 6.8。

取甲溶液 37.0 mL、乙溶液 63.0 mL，混匀即配成 100 mL，pH 为 6.6。

（7）吉姆萨（Giemsa）染液的配制。

① 吉姆萨原液的配制：吉姆萨粉 1 g，甘油 50 mL，甲醇 50 mL。

方法 1：先将吉姆萨粉加少许甘油用研钵充分研磨，逐步加入余下的甘油，置于 55 ℃水浴 2 h，并不断研磨搅匀使其充分溶解。冷却后再加入 50 mL 甲醇混匀。最后置于带盖的瓶子中，室温密封放置 2 周（其间经常摇动瓶子，使染料溶解得更好），用定性滤纸（或普通粗滤纸）过滤即可使用。

方法 2：将吉姆萨粉 1 g，边研磨边加足量甘油（50 mL），室温下放置 2 d 左右，其间要经常将其搅匀，然后加入 50 mL 甲醇搅匀，室温密封放置 2 周，经过滤即可使用。

注：吉姆萨原液放置越久，染色效果越好。

② 吉姆萨工作液的配制：吉姆萨原液 1 mL，加入 pH 为 6.8 的磷酸缓冲液 9 mL，混匀。

③ 注意事项：吉姆萨染料的质量有所差异，故工作液的稀释比例应根据实际情况来定。

（8）清洁液的配制。

① 常用的清洁液配方：一般是由重铬酸钾、浓硫酸（可用粗制品）和水按一定比例配制的。其配方很多，一般分为强酸、次强酸和弱酸型 3 种，可供不同需求选择使用（表 4.2.3）。

表 4.2.3 常用清洁液配方

配方成分	强酸型	次强酸型	弱酸型
重铬酸钾/g	60	120	100
浓硫酸/mL	1 000	200	100
蒸馏水/mL	200	1 000	1 000

② 配制程序：根据选择的表 4.2.3 中的配方类型，称取重铬酸钾放在塑料盆中，加入相应量的水，再慢慢加入相应量的浓硫酸，边倒入浓硫酸边用玻璃棒搅动，使重铬酸钾完全溶解，最后将剩余的浓硫酸慢慢地加进去，同时不停地用玻璃棒搅动。待冷却后小心转入备用的玻璃缸、陶瓷缸或耐酸的塑料缸中。

③ 注意事项：硫酸加入水中时会产生热量，配制用的容器必须是耐高温又不易破裂的；清洁液的腐蚀性极强，操作时要注意个人防护，如戴眼镜、耐酸手套、套袖、围裙等，一旦清洁液溅到皮肤或衣服上，尽快用

自来水冲洗；配制后应贮存在带盖的、耐酸腐蚀的容器内，如塑料桶、陶瓷缸等；经长期使用液体已呈绿色时，表示清洁液已经失效，需要重新配制。

4. 染色体畸变检测的前期准备

（1）消毒要求：a. 实验前细胞培养实验室和超净工作台须经紫外线消毒，消毒时间不低于 1 h，关掉紫外线灯后再用酒精棉球全面擦拭超净台内工作面；b. 消毒灭菌的实验物品夏季可保存 7 d，冬季 10 d，过期时需要重新消毒；c. 每半年清洁消毒电热恒温细胞培养箱一次；d. 玻璃器皿适于干热灭菌（180 ℃、2 h），试剂适于湿热（121 kPa、25 min）或抽滤灭菌。

（2）载玻片要求：新的载玻片使用前需用清洁液浸泡 3 h，自来水清洗干净，蒸馏水浸泡备用。

4.2.3.3 血液样品的处理、保存与运输

1. 抗凝剂的选择

一般选用常用的肝素钠或肝素锂作为抗凝剂，但不能选择乙二胺四乙酸（EDTA）抗凝剂，原因是 EDTA 会影响淋巴细胞的生长而使培养失败。如不小心或错误使用了 EDTA 抗凝剂，可以用如下方法去除其影响：a. 取 4 mL 血液样品加入平衡盐溶液（Hank's 或 Earle's）或培养基，$600 \times g$ 离心 5 min；b. 去除上清液，再加 10 mL 新配制的上述洗液，用吸管吹打混匀后，重复离心一次；c. 去除上清液，加入与血液样品等体积的含 10% 胎牛血清的培养基（4 mL），用吸管混匀。按常规方法继续培养，即可消除 EDTA 对培养细胞的影响。

2. 血液样品采集

（1）采集量：生物剂量估算的采血量以 10 mL 为宜，对放射工作人员体检采血量为 2~3 mL。

（2）采集时间：放射工作人员体检采血在拍胸片之前。生物剂量估算

的采血时间因受照方式和剂量的不同而不同，主要有以下3种情况。

① 全身照射：在受照后几个小时至4周内采血较为理想，超过4周会因染色体畸变产额的下降而影响剂量估算结果的准确性。因此在受照后越早采集血样越理想。

② 不均匀或局部照射：由于循环中和血管外（如肝、脾）的淋巴细胞在受照后24 h内还不能达到全身的平衡，可能会导致受照淋巴细胞的比例不具有代表性，所以至少要推迟到受照后第2天采样。

③ 严重事故照射：对于此类事故，由于白细胞在短时间内下降明显，所以采血"窗口"仅有几小时或几天，在符合伦理的条件下应适当增加采血量和采血次数，以提高剂量估算的成功率。

3. 样品的保存

当事故发生于偏远地区且交通和通信条件不佳时，采集的血液样品不能立即培养而需要保存一段时间。常规做法是将样品冷藏于4 ℃冰箱，但这会造成淋巴细胞活力丢失而影响培养质量。克服此问题的办法是将采集的样品立即接种于含有PHA的培养基中，并在低于20 ℃的冷藏条件下保存。此方法的原理是PHA可以刺激淋巴细胞，从而保持淋巴细胞的活力，同时在低于20 ℃的条件下PHA不会促进淋巴细胞的转化。有学者曾推荐了一个保存血液样品的方法，可以保存样品2周而不影响培养结果。具体步骤如下：a. 将5 mL含20%胎牛血清和4%PHA的Leibovitz's L-15培养基置于预先消毒的10 mL离心管中，由于L-15培养基的氨基酸含量是其他常用培养基含量的10倍，且其pH能在很长一段时间保持稳定，所以该培养基也是血液样品长时间运输的首选培养基；b. 取5 mL肝素抗凝静脉血加入离心管中混匀；c. 将离心管置于低于20 ℃的冷藏条件下保存或运输；d. 结束保存后，用常规培养用的培养基洗涤细胞一次；e. 按常规方法继续培养和制片。此方法对淋巴细胞活力未见明显影响。

4. 样品的运输

用标准的含肝素钠或肝素锂的玻璃或塑料抗凝管采集静脉血液样品,然后置于坚固、不易碎、不透水的容器内运输。运输时的理想温度是 18~24 ℃,运输路途时间不能超过 3 d。如使用 L-15 培养基保存样品,运输时间可以延长。此外,在运输过程中存储样品的容器不能通过装有 X 射线的安检设备,如果必须通过安检设备检查,应将能监测剂量的剂量计(如胶片剂量计)置于装运血样的容器中。

4.2.3.4 微量全血培养和染色体标本的制备

1. 微量全血培养

(1)接种要求:将采集的静脉血 0.3~0.5 mL 加入配制好或市售的 5 mL RPMI-1640 培养液中,轻轻摇匀,在培养瓶上编号并注明培养开始的时间和日期。每人次平行培养 2 瓶,进行生物剂量估算时可适当增加培养的瓶数。

(2)培养条件:37 ℃±0.5 ℃恒温培养箱内培养 24 h 后,每瓶培养液中加入 10 μg/mL 的秋水仙碱 20~25 μL(终浓度为 0.04~0.05 μg/mL),继续培养 24~28 h 后收获细胞。或培养开始时加入终浓度为 0.015~0.03 μg/mL 的秋水仙碱,培养至 48~52 h 后收获细胞。对怀疑受到超大剂量照射的受照人员,为了克服大剂量电离辐射诱发的细胞分裂周期阻滞而造成的细胞分裂周期延迟问题,培养时间可延长至 72 h,以期得到更多可供生物剂量估算的中期细胞。

2. 染色体标本制备

(1)人工制备:

① 低渗:终止培养后用吸管轻轻抽去培养瓶中的上清液,每瓶加入 8 mL 经 37 ℃预温的 0.075 mol/L KCl,将细胞团块充分吹打均匀后移至 10 mL 的尖底玻璃离心管中,放入 37 ℃恒温水浴锅(箱)中低渗处理 20~30 min。

② 预固定：取出低渗处理完毕的离心管，每管加入 5~10 滴新配制的固定液（甲醇体积：冰醋酸体积 = 3∶1），用吸管吹打混匀，水平离心机中 1 000~1 500 r/min（约 200~250×g）离心 8~10 min。

③ 第一次固定：取出离心管，用吸管吸去上清液，沿管壁每离心管中加入 8 mL 固定液，用吸管快速吹打细胞团块并充分吹打混匀，常温下固定 20~30 min，在水平离心机中 1 000~1 500 r/min（约 200~250×g）离心 8~10 min。

④ 第二次固定：取出离心管，重复第一次固定的操作。

⑤ 制片：取出离心管，吸去上清液，根据细胞团块的大小每离心管中加入 3~5 滴固定液以调节细胞浓度。然后以一定高度（10~30 cm）将细胞悬液滴在经 37 ℃水浴预热或在 4 ℃冰箱预冷的洁净载玻片上，于室温空气中自然干燥。每张玻片滴 2~3 滴。

⑥ 编号：对每一张染色体标本片进行编号，并按照编号做好记录。

⑦ 染色：将用 pH 6.8 的磷酸缓冲液配制的 10% 吉姆萨染液均匀涂于染色体标本片上，室温下染色 8~10 min，以一定倾角（约 45°）用自来水轻轻冲洗玻片，洗掉染液后置于玻片架上，在室温下自然晾干。

（2）自动制备：配备有自动细胞收获仪、自动制片机和自动染片机的实验室，可按照生产商提供的操作指南自动制备染色体标本。

4.2.3.5 染色体畸变人工分析

1. 染色体畸变阅片方法

（1）人工显微镜下阅片：采用盲法阅片，按显微镜载物台刻度坐标，在低倍镜下（物镜 10×）从右至左逐列或逐行对每张染色体标本片进行扫描式阅片，寻找可供分析的中期分裂细胞，找到目标后在油镜（物镜 100×）下进行计数和核型分析。

（2）人工分析高倍染色体图像：利用染色体扫描系统采集到的高倍图像，用染色体核型分析软件（如 Ikaros）对染色体图像进行计数和核型分析。

(3) 中期细胞的选择：染色体数目为 46±1；染色体分散良好，长短适中，各条染色体可清楚辨认。

(4) 出现以下情况的中期细胞不宜做计数分析：a. 染色体数目少于45条；b. 在同一细胞内染色体过于分散，不能在一个油镜视野内观察到；c. 染色体形态过度细长或短粗；d. 染色体呈扭曲状或紧缩成团；e. 染色体分散不良，重叠太多；f. 染色太深不能鉴别染色单体交叉重叠；g. 同一条染色体的两条染色单体间距离过大。

(5) 估算生物剂量计数细胞数：根据分析 50~100 个核型后计数的畸变细胞数，并依据 $n=(1-p)\times 96.04/p$ 计算应分析细胞数。其中，p 为畸变细胞率，n 为应分析细胞数。

2. 染色体畸变核型分析要求

在油镜下或对图片依据染色体的形态进行分组，通过分组确定是否有染色体结构异常。主要分析计数 ace、dic 和 r 等非稳定性染色体畸变（Cu）。伴随 dic 或 r 的 ace，不再单独计数，记录为 dic(1) 或 r(1)；如 ace 数多于 dic 或 r，则另计为+ace；无 ace 伴随的 dic 或 r 记录为 dic(0) 或 r(0)，以区别细胞在受照后进入第二次以后的分裂造成的 ace 丢失。应以每细胞 dic 或 dic+r 数估算生物剂量。

3. 染色体畸变的鉴别分析方法

(1) 染色体断裂（csb）与染色体裂隙（g）的区别：g 是染色单体上未染色的部分，藕断丝连仍有染色体的形态特征，且裂缝的宽度不超过染色单体的横径。

(2) 染色体早分离：如着丝粒位置不明显的染色体长度符合某条缺少的染色体，尤其是在观察到形似较大的断片时，要分析是从哪一号染色体上断裂下来的；如不能确定来源，则可能是染色体早分离，不能计为无着丝粒断片。

(3) 杂质：形态不规则，大小不成对，染色过深或过浅，则可能是杂质，不能计为微小体或无着丝粒断片。

(4) 染色单体交叉：交叉部分比着丝粒染色深，其长度正好符合某条缺少的染色体长度，且未观察到伴随的无着丝粒断片，则应排除为双着丝粒染色体。

(5) 染色单体末端接触或随体融合：长度正好符合某条缺少的染色体，近端或端部着丝粒染色体（如 D 组、G 组）的数目正常。在染色体数量上不具备形成双着丝粒染色体的条件，则排除双着丝粒染色体。

(6) 两条染色体的末端相接触：通过调节显微镜的微调旋钮，经仔细辨认后可能有接触点，但相接触的两条染色体形态正好符合缺少的染色体，没有伴随断片，应考虑排除双着丝粒染色体。

(7) 次缢痕：在放射工作人员体检结果中，有些染色体的臂上可能有一种次缢痕区，如 1 号染色体长臂、2 号染色体长臂远心端 1/3 处、3 号染色体长臂接近着丝粒处、9 号染色体长臂近心处、16 号染色体长臂近心处，其是这些个体染色体本身的特征性标志或变异，应将这种次缢痕与着丝粒区分开来，可考虑排除为双着丝粒染色体。

(8) 等点染色单体裂隙：裂隙区无缢痕收缩现象，仔细分析是哪条染色体，通过计数着丝粒数可排除是否为双着丝粒染色体。

(9) 染色单体扭曲：扭曲区无缢痕和浅染现象，仔细分析是哪号染色体，通过计数着丝粒数可排除是否为双着丝粒染色体。

4.2.3.6 染色体畸变的自动化分析

由于传统的细胞遗传学剂量估算方法费时费力，因此为了有效应对涉及大规模伤亡的辐射事件，采用自动化的细胞遗传学剂量估算方法来提高工作效率势在必行。随着近些年来自动显微镜、计算机图像分析技术的进步，可以进行染色体中期分裂相自动寻找、高清图片拍摄、dic 自动分析的商品化遗传工作站已出现，实现了基于自动化检测细胞遗传学指标的高通量的生物剂量估算。此外，自动化还能提高质量控制和估算的准确性。剂量估算时要预先对血液进行处理，这可能会带来职业生物危害，而自动化技术可以提高实验室人员在工作中的安全性。自动化细胞遗传学实验室的主要特点包括样品制备的自动化、图像分析的自动化，并配备用于样品追踪和数据处理的实验室信息管理系统。

1. 样品制备的自动化

细胞遗传学实验室中自动进行样品处理可能由以下任一或全部设备完成：全自动血液处理仪、自动细胞收获仪、自动制片机、自动玻片染色仪，以及生物安全柜和培养箱。

（1）全自动血液处理仪：全自动血液处理仪可用于血液样品的高通量处理以及从外周全血中分离淋巴细胞，可解决细胞遗传学剂量估算时样品处理中重要的限速瓶颈，还能够精确准确地分配、稀释和抽吸血液样本，且不会造成样本的交叉污染。目前，该套系统已实现商业化，并已在各地血库中得到广泛应用。但该套系统的所有设备必须安装在生物安全2级实验室，以确保样品的无菌和实验室人员的职业安全。

（2）自动细胞收获仪：为了获得一致、可靠的高质量中期细胞，目前国内市售的自动细胞收获仪可从全血培养物中收获中期细胞。设计好程序后，无需人力即可完成中期细胞收获过程中重复的细胞悬液的离心、上清液的抽吸和安全处置、低渗处理以及用乙酸和甲醇固定细胞等全流程自动化操作。这些步骤在受控环境条件下依照"一站式"原则完成，无须人工干预，从而提高标本制备质量和制备过程的可重复性。

（3）自动制片机：在人工操作条件下，滴到载玻片上中期细胞的分散程度会受到温度、湿度等因素的影响，进而影响标本的质量，而由于优化了温度和湿度条件，自动化系统在将细胞悬液铺展到载玻片上的过程中制备的标本质量比人工更有保证且有更高的制备通量。该套系统配有微处理器以精确平衡和控制温度、湿度和玻片标本的干燥时间，而且可以用于人和动物细胞的滴片，制备的标本质量不受使用者的影响。目前，该套系统在国内已实现商业化，在世界各地得到广泛推广应用。

（4）自动玻片染色仪：该仪器是一种快速的、均一的吉姆萨染色设备。目前市售的自动玻片染色仪能够通过设定特定的或不同的操作程序，在无人值守的情况下智能、灵活地对 1~520 张玻片进行染色及漂洗。样品优先分配功能可对特定的样品分批次排队并优先处理，且此过程无须人工操作。内置的备用电池可以在电力突然中断的情况下，提供长达 40 分钟的运行时间来确保样品处理能够持续进行。

2. 图像分析的自动化

随着技术的进步，对显微镜捕获的图像进行自动分析的技术已得到实际应用。相比而言，我国自动化分析估算生物剂量的工作起步较晚，但进展迅速。该系统主要包括自动的中期细胞扫描与图像捕获和 dic 自动分析。

（1）中期细胞扫描与图像捕获：尽管自动化分析平台在评估细胞遗传学损伤的可靠性方面还有较大的提升空间，但利用高通量的中期细胞扫描和辅助分析设备进行计算机辅助下的人工分析，仍然可以明显提高技术人员的工作效率。中期细胞扫描仪有助于定位中期细胞在载玻片上的位置，并能将显微镜镜头移至该位置，继而转至高倍镜下进行捕获与分析。

基于中期细胞扫描系统的传统图像分析设备包括计算机、高分辨率数码相机、高质量显微镜、自动对焦的自动化载物台以及玻片自动进样仪。计算机装载有用于染色体畸变分析的自动化中期细胞扫描软件和交互式的自动记录与标注软件。中期细胞扫描仪每批次可扫描多达 150 张载有中期相的玻片，扫描时将有可能用于分析的分裂相图像及其相应位置存储在计算机的中央服务器上，以便随后在多个分析终端上自动重新定位来进行染色体畸变分析。或者对获得的中期细胞分裂相的高分辨率图像进行数字加密并通过专用网络传输，用于下游远程分析和评估。这种远程分析和评估需要建立统一的评分标准以确保结果具有可比性。

(2) 双着丝粒染色体自动分析：显微镜下分析 dic 需要耗费大量时间，通常由实验室中技术过硬、经验丰富的人员进行分析，每天仅能分析几百个细胞。当受照剂量较低时，需要分析的中期分裂相则更多。因此，改进这种分析方法的主要策略是自动进行 dic 分析以节省时间，特别是在评估低剂量的辐射暴露时更凸显自动分析的重要性。

早在 20 世纪 80 年代，人们就开始尝试开发染色体畸变自动分析系统。随后，一些商业化的中期相扫描与核型分析软件系统面市，并在许多细胞遗传学实验室中得到了很好的应用。这种以计算机辅助的显微镜为染色体畸变分析工作提供了很大的便利。其工作主要流程为：在低倍镜下扫描一张玻片，并将自动检测到的中期细胞及相应的坐标存储于计算机中，在此过程中会生成一个图库来记录被检测到的中期细胞。随后对细胞进行重新定位和手动分析，并生成个体化的电子记录表格，以便于打印和存档。当需要对辐射应急作出快速相应时，对观察到的畸变细胞可以进行手动捕获，数字化处理并立即存档。总的来说，使用中期细胞扫描软件可使分析时间减少一半。

人们早就认识到在实现电子图像分析之后，应该通过自动中期细胞扫描、自动图像捕获和其他程序进行自动化染色体分析，包括 dic 记录分析。dic 的自动分析分为以下几个步骤：第一步是中期细胞扫描仪对玻片进行自动扫描；第二步是对扫描检测到的中期细胞以数字化高分辨率中期相图像的格式进行自动捕获；第三步是对中期细胞图像进行详细分析，以确定正常的染色体和候选的 dic。20 世纪 90 年代的自动分析系统只能存储候选的 dic 图像及其坐标。如今，随着数字成像技术的发展，这一过程变得更加快速和高效。而且，硬盘技术的进步使得以高分辨率格式存储一张玻片上的所有细胞成为可能。

dic 评估记录软件的发展经验表明，开发分层多步算法是非常困难的，这种算法能分割完整的细胞，从而产生 46 条染色体。一般来说，有的染色体不会被检测到,因为它们重叠或靠近在一起而成为染色体簇,所以有些 dic 会被忽视(假阴性)。还有一些 dic 可能被系统忽略,因为它们比 X 染色体还小,这种情况的可能性小于 8%。自动检测到的候选 dic 必须由经验丰富的技术人员二次确认,但这比人工在显微镜下分析 dic 简便、快捷得多。系统检测到并标注的候选 dic 很容易被区分确认,如图 4.2.6 中 a 显示的是真阳性 dic;大多数假阳性 dic(如人为因素、重叠染色体)也很容易被排除,见图 4.2.6 中 b。

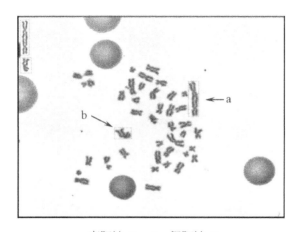

a. 真阳性 dic; b. 假阳性 dic。

图 4.2.6 软件自动分析的真、假阳性双着丝粒染色体(630×)

4.2.3.7 照射剂量与染色体畸变的剂量-效应关系

1962 年美国学者 Bender 和 Gooch 用离体血照射人体外周血淋巴细胞的方法,首先肯定人体细胞染色体畸变量和受照剂量间成正比关系。随后又有大量的研究表明,离体照射哺乳动物外周血诱发的淋巴细胞染色体畸变量与活体照射所得的剂量-效应曲线二者之间无统计学上的差异。由此提出外周血淋巴细胞染色体畸变分析可作为生物剂量计,估算辐射事故情况下受照人员所受的辐射剂量。

迄今，染色体畸变分析已在核与辐射事故照射的生物剂量估算中得到广泛应用，并已被国际上公认是一种可靠灵敏的生物剂量计。它作为一种生物剂量计已有60多年的发展历史，在国内外历次重大的核与辐射事故生物剂量估算中，起着不可或缺的重要作用，所给出的剂量与临床表现相符，为临床诊治提供了依据。染色体畸变分析估算的生物剂量和物理剂量可互相补充和验证。在比较复杂的情况下，如切尔诺贝利事故、巴西事故等，用物理方法难以准确估算剂量时，更显示其优越性。在不了解受照史的情况下，染色体畸变分析也可确诊急性放射损伤，有助于发现辐射事故。

4.2.4 染色体畸变分析在生物剂量估算中的应用概况

4.2.4.1 剂量-效应刻度曲线的建立与剂量估算应用举例

在非显带染色体标本中，由于dic的形态特殊，易于识别，并伴有断片，在体内持续时间较长，自发率低（0.01%~0.05%）。而且dic的剂量-效应关系几乎不受性别和年龄的影响，在活体和离体照射的研究中，dic的剂量-效应曲线无统计学差异，所以dic是电离辐射损伤和剂量估算的最佳指标，也是目前国际上公认的电离辐射生物剂量估算的"金标准"。着丝粒环的诱发率仅为双着丝粒染色体的5%~10%，故一般不单独使用，常与dic合并进行剂量估算。本部分主要介绍剂量-效应曲线的建立和影响量效关系的因素等。

1. 剂量-效应刻度曲线的建立

染色体畸变分析作为生物剂量计，首先要在离体条件下，用不同剂量照射健康人血，根据畸变量与照射剂量的关系制作刻度曲线（calibration curve）。发生事故时，取受照人员的外周静脉血，在标准条件下进行培养、制片及畸变分析，根据所得出的每细胞dic或dic+r数，通过相应射线所建立的刻度曲线回归方程估算人员的受照剂量。

（1）健康供血者的要求：a. 2~3名健康成年供血者，男女均可，不吸烟、不嗜酒；b. 未患有慢性疾病；c. 非放射工作人员；d. 近 6 个月内未接受医疗诊断照射，近 1 个月内无病毒感染史，无有害化学物质接触史或服药史。

（2）照射条件的要求：a. 必须提供可靠、明确的照射样品的物理剂量；b. 受照标本应与照射源保持一定的距离，以达到均匀照射的目的；c. 对于低传能线密度辐射，剂量范围选择 0.1~5.0 Gy，剂量率介于 0.2~1.0 Gy/min 之间，至少选择 8 个剂量点；对于高 LET 辐射，剂量范围选择 0.01~3.0 Gy，以不少于 7 个剂量点为宜；d. 有条件的实验室应建立包括不同辐射类型（如 X 射线、γ 射线、中子）、不同剂量率（如低 LET 辐射）的剂量-效应曲线；e. 在室温下进行离体照射，标本受照后在 37 ℃±0.5 ℃的温度条件下放置 2 h 以利于细胞损伤修复。

（3）微量全血培养、染色体标本制备和染色体畸变分析：详见 4.2.3.4、4.2.3.5 和 4.2.3.6。

（4）应分析细胞数的计算：应分析细胞数的计算公式是根据畸变细胞率符合二项分布得出的，若已知畸变细胞率和容许误差，就可以根据二项分布 95% 置信区间公式求出应分析细胞数，生物学实验一般容许误差采用 15%，这需要分析的细胞数相当大，目前多采用 20% 的容许误差，应分析细胞数的公式和推导过程为：

$$p \pm 1.96 \sqrt{\frac{p(1-p)}{n}} \tag{4.2.1}$$

令

$$1.96 \sqrt{\frac{p(1-p)}{n}} = p \times 20\%$$

则

$$n = \frac{96.04(1-p)}{p} \tag{4.2.2}$$

式中，p 为畸变细胞率，n 为应分析细胞数。p 可以从预实验中得到，也可以在分析过程中计算出。一般是先分析 50~100 个细胞，计算畸变细胞率，然后代入式（4.2.2）计算应分析细胞数。例如，先分析 100 个细胞，观察到 20 个含有染色体畸变的细胞，则应分析细胞数 $n = 96.04(1-0.2)/0.2 \approx 384$（个）。

(5) 染色体畸变均值和标准误的计算：按畸变的识别标准及分析的细胞数，将各剂量点的各类畸变分别计数，计算畸变细胞率和每细胞畸变数以及它们的误差（标准误）。

① 畸变细胞率：指观察到的含有畸变的细胞占分析细胞数的份额。畸变细胞中不论含有 1 个还是多个畸变均按 1 个畸变细胞计，其计算公式为：

$$p = X/n \times 100\% \tag{4.2.3}$$

式中，p 为畸变细胞率（%），X 为畸变细胞数，n 为分析细胞数。

由于畸变细胞率在统计上符合二项分布，其标准误（S_p）的计算公式为：

$$S_p = \sqrt{\frac{p(1-p)}{n}} \tag{4.2.4}$$

式中，p 为畸变细胞率，n 为分析细胞数。

总体率的置信区间公式如下：

$$总体率 95\% 置信区间 = p \pm 1.96 S_p \tag{4.2.5}$$

$$总体率 99\% 置信区间 = p \pm 2.58 S_p \tag{4.2.6}$$

② 每细胞畸变数：指平均每个细胞含有的各型染色体畸变数，其计算公式为 $p = X/n$。式中，p 为每细胞畸变数，X 为染色体畸变数，n 为分析细胞数。

由于每细胞畸变数在统计上符合泊松分布，其标准误（S_p）的计算公式为：

$$S_p = \frac{\sqrt{X}}{n} \qquad (4.2.7)$$

式中，X 为染色体畸变数，n 为分析细胞数。

总体率的置信区间公式如下：

$$总体率 95\% 置信区间 = p \pm 1.96 S_p \qquad (4.2.8)$$

$$总体率 99\% 置信区间 = p \pm 2.58 S_p \qquad (4.2.9)$$

（6）剂量-效应曲线回归方程的拟合。

① 回归方程的数学模式：现有研究显示，对于低 LET 辐射（如 X 和 γ 射线）每细胞畸变数（Y）与照射剂量（D）间可拟合为线性二次方程，即 $Y = C + \alpha D + \beta D^2$。式中，$C$ 为自发畸变率，α 为线性系数（linear coefficient），β 为剂量平方系数（dose squared coefficient）。而对于高 LET 辐射（如中子），由于 α 值变大，β 值与染色体畸变产额几乎不相关而在统计上可以被忽略，所以拟合的方程为线性方程，即 $Y = C + \alpha D$。

② 回归方程的人工拟合：通过解方程式的方法计算回归系数，拟合剂量-效应曲线。目前，已有各种拟合剂量-效应曲线的统计软件，只要将变量 x（即 D，照射剂量）和变量 Y（每细胞畸变数）输入要拟合的数学模式中，即可得出具体的回归系数（回归方程），并得出检验回归系数显著性的 P 值以及检验拟合度的相关系数 R^2 值。

③ 回归方程的软件拟合：可按照免费的、国际学界公认的专业剂量-效应曲线与剂量估算软件 CABAS 的说明，将分析得到的每细胞畸变数和对应的照射剂量分别输入该软件，拟合出相应的剂量-效应曲线，其公式亦为 $Y = C + \alpha D + \beta D^2$。同时，软件还给出了检验回归系数显著性的 P 值和检验拟合度的相关系数 R^2 值。

（7）估算吸收剂量的公式。

① 当剂量-效应关系可拟合为线性方程时，估算吸收剂量的公式是：

$$D = (Y - C)/\alpha \qquad (4.2.10)$$

② 当剂量-效应关系可拟合为二次多项式方程时，估算吸收剂量的公式是：

$$D=\frac{-\alpha+\sqrt{\alpha^2+4\beta(Y-C)}}{2\beta} \qquad (4.2.11)$$

上两式中，D 为照射剂量（Gy），C 为自发畸变率，α 和 β 为回归系数，Y 为每细胞畸变数。

2. 剂量估算应用举例

某次 ^{60}Co 源辐射事故，一位 37 岁男性怀疑受到大剂量照射。于受照后 4 d 取该男性外周静脉血，微量全血培养 48 h 后制片，分析 300 个细胞核型，检出 dic+r 169 个。依据每细胞 dic+r 数估算剂量结果如下：

（1）每细胞 dic+r 数：

$$p=169/300=0.5633 \text{（个/细胞）}$$

$$S_p=\frac{\sqrt{169}}{300}=0.0433 \text{（个/细胞）}$$

（2）95% 置信区间：

上限：$0.5633+1.96\times0.0433\approx0.6482$（个/细胞）

下限：$0.5633-1.96\times0.0433\approx0.4784$（个/细胞）

（3）选用剂量-效应曲线：由于 ^{60}Co γ 射线属低 LET 辐射，所以利用本实验室基于 dic+r 分析构建的 ^{60}Co γ 射线离体照射人外周血的剂量-效应曲线 $Y=0.084976D^2+0.038535D+0.0005166$ 估算剂量。式中，Y 为每细胞 dic+r 数，D 为照射剂量。结果如下：

将上述每细胞 dic+r 数（包括 95% 置信区间上限与下限值）分别代入 $Y=0.084976D^2+0.038535D+0.0005166$，估算剂量的均值、95% 置信区间上限和下限分别为：

均值：$0.5633=0.0005166+0.038535D+0.084976D^2$

$$D_{均值}=\frac{-0.038\ 535+\sqrt{0.038\ 535^2+4\times0.084\ 976\times0.562\ 783\ 4}}{2\times0.084\ 976}\approx2.36\ (Gy)$$

上限：$0.648\ 2=0.000\ 516\ 6+0.038\ 535D+0.084\ 976D^2$

$$D_{上限}=\frac{-0.038\ 535+\sqrt{0.038\ 535^2+4\times0.084\ 976\times0.647\ 683\ 4}}{2\times0.084\ 976}\approx2.54\ (Gy)$$

下限：$0.478\ 4=0.000\ 516\ 6+0.038\ 535D+0.084\ 976D^2$

$$D_{下限}=\frac{-0.038\ 535+\sqrt{0.038\ 535^2+4\times0.084\ 976\times0.477\ 883\ 4}}{2\times0.084\ 976}\approx2.16\ (Gy)$$

亦可以将分析细胞数（300）、检测得到的 dic+r 数（169）和回归方程式的各项回归系数输入剂量估算软件 CABAS 中，估算的平均剂量为 2.36 Gy，95%置信区间下限为 2.16 Gy、上限为 2.56 Gy。

3. 染色体畸变分析估算剂量的适用对象、条件与局限性

（1）适用对象：对于怀疑受到超剂量电离辐射照射的人员，均可采用染色体畸变分析的方法予以确定，或对照射剂量作出定量或定性的估算，其准确程度取决于采集血样时距离受照射时的时间、是否接近于全身均匀照射、射线性质和剂量率是否与建立标准刻度曲线的条件相接近等。

染色体畸变分析不适用于小剂量长期慢性外照射的累积剂量及放射性核素体内污染的内照射剂量估算。

（2）适用条件：

① 受照方式：对一次急性全身外照射的剂量估算较为可靠，对局部或分次外照射的剂量估算有很大的不确定性。

② 取血时间：受到照射后应尽快取得血液样品，最好在事故后 48 h 至 1 周内取血进行培养，最迟不宜超过受照后 8 周。如果要对受照者进行药物、血液输注或骨髓治疗，应在治疗前取血培养。

③ 估算的剂量范围：染色体畸变分析方法估算剂量的范围一般为 0.25～5 Gy。可能估算剂量的最低值，对低 LET 辐射为 0.1 Gy，对高 LET

辐射为 0.01 Gy。需要说明的是，对低剂量照射除非分析大量细胞，否则估算的剂量有很大的不可靠性。

④ 应分析细胞数：应分析细胞数应当尽量满足统计学要求。当受照人员较多时，首先分析 50 个核型以对受照人员进行初步分类，然后进一步分析 250、500 或更多核型以满足统计学要求，从而准确估算生物剂量。

⑤ 剂量-效应曲线的选择：选择与事故照射接近的射线类型和剂量率建立剂量-效应刻度曲线进行剂量估算，不得外推。有条件的实验室应建立不同辐射类型和不同剂量率照射的剂量-效应刻度曲线，以备辐射事故应急时所需。

⑥ 95%置信区间剂量范围：在给出估算剂量均值的同时，还应根据由核型分析得出的染色体畸变率标准误，计算出 95%置信区间剂量范围。

⑦ 泊松分布 u 检验：dic+r 畸变用于估算剂量的同时，还可依据其泊松分布 u 检验判定是否为均匀照射。其计算公式如下：

$$u = \frac{(n-1)\sigma^2/y - (n-1)}{\sqrt{2(n-1)\left(1 - \frac{1}{\sum xo}\right)}} \quad (4.2.12)$$

$$\sigma^2 = \frac{\left\{\sum x^2 o - (\sum xo)^2/n\right\}}{(n-1)} \quad (4.2.13)$$

式中，σ^2 为方差，n 为分析细胞数，$\sum xo$ 为观察到的 dic + r 总数，x 为每细胞含有 dic + r 的个数，o 为观察到的相应细胞数，y 为均值（$\sum xo/n$）。

当均匀照射时，每细胞 dic+r 畸变数符合泊松分布，即 $u<|1.96|$，方差与 dic+r 均值之比（σ^2/y）接近于 1.00；当不均匀或局部照射时，每细胞 dic+r 畸变数不符合泊松分布，$u>|1.96|$，σ^2/y 不接近于 1.00，$\sigma^2/y<1.00$ 为欠离散分布，$\sigma^2/y>1.00$ 为过离散分布。

(3) 应用中的局限性：

① 非均匀照射：剂量-效应刻度曲线原则上只能应用于均匀性全身照射。然而，在实际事故中照射多数是不均匀的，甚至是以局部为主的照射。通过分析外周血淋巴细胞染色体畸变进行生物剂量估算时，无论在时间还是空间上受到的照射剂量都是不均匀的，此时估算的剂量称为全身当量剂量。有时，估算的剂量可能不是很高，全身症状也不典型，但是受照的局部损伤可以很严重。

② 剂量率效应：在事故性照射中剂量率的变化范围是很大的，在剂量率分布上基本是不均衡的照射。在拟合剂量-效应刻度曲线时，只能选用几种有代表性的剂量率进行离体照射。现有研究表明，剂量率效应主要影响基于 dic 指标建立的剂量-效应刻度曲线的 β 系数，对 α 系数未见明显影响。如 Liniecki 等的研究显示，与 0.5 Gy/min 的剂量率相比，0.017 Gy/min 照射条件下 β 系数降低 36%，而 α 系数未有变化。而且，当照射剂量低于 2 Gy 时，这 2 种剂量率对每细胞 dic 数未见影响，但随着照射剂量的增加（2~4 Gy），高剂量率组每细胞 dic 数明显高于低剂量率组。

在一定剂量范围内，剂量率效应较为明显。形成这种剂量率效应的机制可能与以下因素有关（IAEA，2011）：众所周知，由辐射诱发的能够形成 dic 的 DNA 损伤亦能被修复，修复时间从几分钟到几个小时，这主要取决于造成损伤的辐射粒子类型。如果形成一个 dic 的 2 次损伤是由独立的 2 次击中所产生，而且此时剂量率很低，就会产生在第 2 次损伤形成以前第 1 次损伤已被修复的可能性。即便 2 次损伤产生在 1 个细胞内，如果他们不能相互作用亦不能形成 dic。2 次损伤相互作用的可能性随着剂量率的降低而降低，也就是剂量率越低，每单位时间内辐射击中的频率亦越低，即在第 2 次损伤形成以前可用于第 1 次损伤修复的时间就更长。因此，对于低 LET 辐射来说，降低的剂量率会降低每单位剂量的 dic 率；而对于高

LET 辐射来说，由于诱发 dic 的 2 次损伤可以由一次击中产生，所以降低的剂量率并不会改变 dic 率，而且在更长的暴露期间损伤修复不是一个有影响的因素。

③ 混合照射：在反应堆或在处理浓缩的裂变物质时发生的事故中，都是高能 γ 射线和具有不同能量的中子的混合照射。国外有学者进行了系统的研究，发现 γ 射线照射在其中的贡献是很小的，在 3 Gy 时显示饱和效应，在 2.3 Gy 以下为线性的剂量-效应关系。可用下列公式表示：

$$Y=(0.87\pm0.027)\times10^{-2}D \qquad (4.2.14)$$

式中，Y 为畸变率（双着丝粒染色体数/细胞数），D 为中子的剂量（cGy）。

④ 延迟采样：双着丝粒染色体、着丝粒环、无着丝粒断片这类非稳定性畸变，随着照射后时间的延长会逐渐消失。巴西学者对戈亚尼亚 ^{137}Cs 源事故中受照剂量超过 1 Gy 的 21 人进行了定期随访观察，发现 dic+r 的频率在受照后 90~220 d 下降一半，平均 130 d。因此，延迟采样会低估受照剂量。

4.2.4.2 基于双着丝粒染色体半自动分析的生物剂量估算

1. 原理

利用高通量染色体自动扫描系统中配置的软件进行自动化的染色体中期分裂相扫描、中期相图像拍摄和 dic 自动分析，舍弃遗传工作站自动分析 dic 的假阴性部分，人工剔除假阳性部分，记录经过人工确认的 dic 数及软件给出的应分析细胞数，建立以每细胞 dic 数为指标的剂量-效应曲线，实现了基于 dic 自动分析的生物剂量估算半自动化，可用于发生大规模核辐射事故时的生物剂量估算和临床分类诊断。目前，该项技术已在欧美国家得到广泛的推广应用，近年来在国内的应用也已取得明显进展。

2. dic 半自动分析生物剂量估算剂量-效应曲线的建立

2008 年法国学者首次基于 dic 半自动分析构建了剂量-效应曲线，并与其实验室于 2001 年基于 dic 人工分析构建的剂量-效应曲线进行比较（图 4.2.7）。这 2 种剂量-效应曲线构建的方法以及结果比较简述如下。

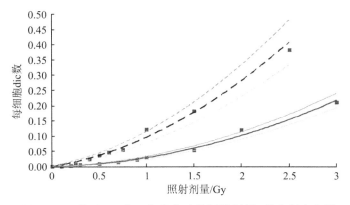

图 4.2.7　基于 dic 人工和半自动分析的剂量-效应刻度曲线

粗黑体虚线为人工分析；粗黑体实线为半自动分析；上、下灰色的虚线或实线代表标准差，可用于计算剂量的 95% 置信区间范围。

（1）照射条件与染色体标本制备。dic 人工分析用 0~2.5 Gy（剂量率为 0.5 Gy/min）的 ^{137}Cs γ 射线离体照射人外周血淋巴细胞，而 dic 半自动分析用同样剂量率的 ^{137}Cs γ 射线（0~3 Gy）离体照射人外周血淋巴细胞。采用 2001 年 IAEA 推荐的淋巴细胞培养与制片方法制备染色体标本。

（2）中期相的自动扫描与捕获及 dic 分析。使用 Metafer 4 染色体扫描分析系统（德国蔡司公司）进行全玻片自动中期分裂相寻找（物镜 10×）及高倍图像采集（物镜 63×）。

① dic 人工分析：利用 Ikaros 软件（德国蔡司公司）对采集到的每个高倍图像逐一进行核型分析，并计算每细胞 dic 数。

② dic 半自动分析：用 DCScore 软件（德国蔡司公司）对上述采集到的高倍图像进行 dic 自动分析，对软件检测到的所有 dic 由人工根据经验确认，剔除假阳性 dic 后再导出软件，给出经过人工确认的 dic 数和应分析细胞数，计算每细胞 dic 数。

（3）剂量-效应曲线的构建及比较。依据 2 种方法检测到的每细胞 dic 数构建的剂量-效应曲线方程式分别为：

$$Y_{MS} = (0.001\,3 \pm 0.001\,0) + (0.049\,1 \pm 0.010\,0)D + (0.045\,2 \pm 0.007\,7)D^2$$

$$Y_{ADS} = (0.000\,8 \pm 0.000\,4) + (0.007\,0 \pm 0.002\,6)D + (0.021\,7 \pm 0.001\,6)D^2$$

式中，Y_{MS} 和 Y_{ADS} 分别是人工与半自动分析得到的每细胞 dic 数，D 是照射剂量。

从图 4.2.7 可以看出，两种方法检出的每细胞 dic 数（Y）与照射剂量（D）间的变化趋势基本一致，均符合 $Y = C + \alpha D + \beta D^2$ 的二次方程模式，但在相同的剂量点人工分析检出的每细胞 dic 数大约是自动分析的 2 倍。

3. dic 半自动分析估算生物剂量应用举例

（1）非洲达喀尔辐射事故受照人员的生物剂量估算。

2009 年法国学者 Vaurijoux 等在国际上首次将基于 dic 半自动分析构建的剂量-效应曲线，应用于 2006 年达喀尔（Dakar）^{192}Ir 源辐射事故受照人员的生物剂量估算。他们利用实验室留存的 46 例受照人员的染色体标本片进行了 dic 自动分析，将 dic 半自动分析和早先 dic 人工分析得到的 46 例事故受照者的每细胞 dic 数，分别代入 Y_{MS} 和 Y_{ADS} 回归方程式估算剂量。结果显示，人工计数 50 个细胞与计数 500 个细胞估算的剂量，两者分类受照人员的误差达到 50%；而人工计数 500 个细胞与自动分析 500 个以上细胞估算的剂量，两者分类受照人员的误差仅为 4.35%。而且半自动分析与人工分析相比要快 20 倍，如每位分析者半自动分析 1 000 个细胞与人工分析 50 个细胞所用时间一样（表 4.2.4）。此外，从表 4.2.4 可以看出半自动分析 500 和 1 000 个细胞检测的剂量阈值（最小有效剂量）分别为 0.44 Gy 和 0.31 Gy，要优于人工分析 50 个细胞的 0.53 Gy，而且半自动分析 500 个细胞所用时间仅为人工分析 50 个细胞的一半。所以，用 dic 半自动分析软件自动检测 dic 估算剂量可以代替常规的人工分析估算剂量，而且与人工分析相比，自动分析速度更快、估算剂量更准确，是发生大规模核辐射事故时较为理想的生物剂量估算方法。

表 4.2.4 人工和半自动分析检测的剂量阈值与分析时间

	分析细胞数	检测的剂量阈值/Gy	分析时间/h
人工分析	50	0.53（0.002；1.47）*	1
	500	0.16（0.01；0.41）	10
半自动分析	500	0.44（0.07；0.89）	0.5
	1 000	0.31（0.02；0.64）	1
	3 000	0.19（0.01；0.41）	3

注：* 为 95% 置信区间范围。

（2）医疗照射事故受照人员的生物剂量估算。

2021 年，笔者所在实验室首次用基于 dic 半自动分析构建的剂量-效应曲线，对 1 例因介入手术导致的医疗照射事故的患者进行了生物剂量估算，并与人工分析曲线估算剂量进行比较。结果表明，半自动分析估算的剂量约为人工分析的 73%，半自动和人工分析估算的剂量均提示该例患者受到了过量照射，但人工分析 500 个细胞用时约 8~10 h，半自动分析 1 226 个细胞用时约 2~3 h，人工剔除假阳性 dic 用时仅约 20 min，明显提高了剂量估算和人工工作效率。而且，在利用 CABAS 软件进行泊松分布 u 检验和身体受照份额的估算中，2 种分析方法所得结果基本一致，即 dic 或 dic+r 均显示为过离散分布，估算的身体受照份额均较为接近。可见 dic 半自动分析对于均匀或非均匀照射估算剂量以及对于事故受照人员临床分类诊断都是可行的，有推广应用价值。

（3）dic 半自动分析用于临床分类诊断的可行性。

2020 年，笔者所在实验室用高通量染色体自动扫描系统采集染色体中期高倍图像，用 DCScore 软件自动分析 dic，拟合基于每细胞 dic 数的剂量-效应曲线，并用实验室参加全国生物剂量估算比对的 12 份考核样品的估算剂量（0.7~4.5 Gy）进行验证。将自动分析检测到的 12 份考核样品人工确认前后的每细胞 dic 数代入基于 γ 射线照射拟合的回归方程 $Y=0.024\,628D^2+0.044\,228D+0.000\,195\,4$ 估算剂量（表 4.2.5）。结果显示，dic 人工确认前，照射剂量大于 2 Gy 时估算剂量与实际照射剂量的相对偏差均不大于 20.48%，大于 3 Gy 时估算剂量与实际照射剂量的相对偏差均不大于 11.11%；dic 人工确认后，估算剂量与实际照射剂量的相对偏差均不大于 10%，接近于真实照射剂量。而且除 0.7 Gy 外，照射剂量为 1.4 Gy、1.7 Gy、1.9 Gy 时，用 dic 自动分析估算的剂量分别为 1.97 Gy、2.33 Gy 和 2.44 Gy，分别可分类为轻度（1.97 Gy）、中度偏轻（2.33 Gy 和 2.44 Gy）骨髓型急性放射病。因此，dic 自动分析用于初步分类轻度、中度和重度骨髓型急性放射病是可行的。以上实验表明 dic 半自动分析可以用于核与辐射事故受照人员的剂量估算和临床分类诊断，特别是在发生大规模核与辐射事故受照人员较多时，可用人工确认前检测的 dic 数据估算剂量，对受照人员区分出不同的受照剂量区间，以作出更快速的初步分类诊断。

表 4.2.5　dic 自动分析人工确认前后估算剂量验证结果

编号	分析细胞数	照射剂量/Gy	人工确认前				人工确认后		
			dic 数	假阳性率	平均剂量/Gy（95%置信区间）	相对偏差/%	dic 数	平均剂量/Gy（95%置信区间）	相对偏差/%
2014-2A	596	1.4	109	33.03	1.97 (1.73~2.23)	40.71	73	1.51 (1.27~1.76)	7.86
2014-2B	709	2.8	249	20.48	2.98 (2.76~3.22)	6.43	198	2.59 (2.36~2.82)	−7.50
2015-1A	1 682	3.9	1 075	6.70	4.28 (3.99~4.57)	9.74	1 003	4.10 (3.83~4.38)	5.13
2015-1B	2 384	1.9	607	33.11	2.44 (2.27~2.62)	28.42	406	1.88 (1.74~2.02)	−1.05

续表

编号	分析细胞数	照射剂量/Gy	人工确认前				人工确认后		
			dic 数	假阳性率	平均剂量/Gy（95%置信区间）	相对偏差/%	dic 数	平均剂量/Gy（95%置信区间）	相对偏差/%
2016-3A	1 423	1.7	336	35.71	2.33 (2.16~2.50)	37.06	216	1.74 (1.59~1.90)	2.35
2016-3B	592	2.8	183	8.20	2.76 (2.51~3.01)	−1.43	168	2.61 (2.37~2.87)	−6.79
2017-4-1	84	3.6	48	12.50	4.00 (3.38~4.06)	11.11	42	3.70 (3.03~4.42)	2.78
2017-4-2	435	2.2	121	28.93	2.58 (2.29~2.88)	17.27	86	2.07 (1.79~2.38)	−5.91
2018-13-1	1 324	2.8	510	17.26	3.16 (2.94~3.38)	12.86	422	2.81 (2.61~3.01)	0.36
2018-13-2	1 269	2.1	343	19.83	2.53 (2.35~2.72)	20.48	275	2.20 (2.03~2.37)	4.76
2019-24-1	2 535	0.7	361	73.96	1.67 (2.54~1.80)	138.57	96	0.63 (0.53~0.74)	−10.00
2019-24-2	712	4.5	507	9.07	4.56 (4.26~4.86)	1.33	461	4.31 (4.02~4.60)	−4.22

4. 影响 dic 半自动分析估算生物剂量的因素分析

自从 2009 年法国学者 Vaurijoux 等首次借助图像分析系统自动检测 dic 估算达喀尔辐射事故受照人员的生物剂量以来，国内外的学者也开始利用高通量染色体自动扫描与分析系统半自动分析 dic，并建立了基于每细胞 dic 数的剂量-效应曲线，进而系统研究了影响基于 dic 半自动分析估算生物剂量的因素及将其应用于大规模核与辐射事故发生时快速和高通量估算剂量的可行性。

（1）不同实验条件设置对 dic 自动分析构建剂量-效应曲线的影响。

在 MULTIBIODOSE EU FP7 [the European Union's Seventh Framework Program (FP7/2007—2013)] 项目的支持下，2013 年欧盟学者报道 6 家

欧盟生物剂量实验室建立了基于半自动 dic 分析的剂量-效应曲线，并分析了不同实验条件对剂量-效应曲线的影响。在这 6 家实验室中，有 2 家实验室淋巴细胞培养的方法是收获前 2~3 h 加秋水酰胺、用荧光加吉姆萨染色制备染色体标本，另 4 家实验室的方法是收获前 24 h 加秋水酰胺、用吉姆萨染色制备标本。dic 自动分析软件 DCScore（V.3.6.7）分类器的参数分别按照法国辐射防护与核安全研究院（Institut de Radioprotection et de SûretéNucléaire，IRSN）和德国联邦辐射防护局（Bundesamt füer Strahlenschutz，BfS）推荐的方法设置。这 6 家实验室采用 3 种不同的分类器参数（IRSN-Class、BfS-Class 和 BfS-First-Class）检测 dic，构建了 9 条 γ 射线离体照射的剂量-效应曲线。统计分析显示，建立的这些剂量-效应曲线间未有统计学差异，所以可以将 9 条曲线合并为一条总的曲线（Pooled，图 4.2.8）。

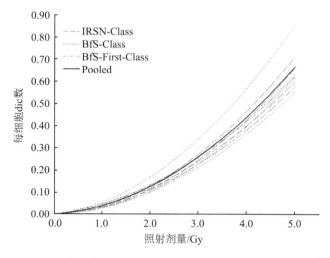

图 4.2.8　基于半自动 dic 分析建立的 9 条 γ 射线剂量-效应曲线

以上表明，实验室环境、加秋水酰胺的时间以及分类器参数设置对构建剂量-效应曲线没有明显影响。总之，这种半自动的 dic 计数方法是应对大规模核事故时快速和高通量分类潜在受照者的有用工具，而且从参加该项研究的6家实验室所得实验结果具有可比性来看，可通过建立实验室间的网络进行快速剂量估算，以提高核事故医学应急响应能力。

（2）自动分析检测到的dic假阳性率与照射剂量的关系。

上述跨实验室的研究还对dic假阳性率与照射剂量进行了分析。发现随着照射剂量的升高，每细胞dic数升高，与此同时真阳性dic的比率亦升高，也就是说剂量越低，dic的假阳性率越高。例如，照射剂量低于0.5 Gy时，dic假阳性率在90%以上；而照射剂量大于2 Gy时，dic假阳性率不超过20%。而且采用不同的DCScore软件分类器参数设置对检测到的dic真阳性率没有影响，例如无论是采用德国的BfS-Class还是法国的IRSN-Class分类器参数，检测到的dic真阳性率未见统计学差异。

笔者所在实验室在对dic假阳性率与照射剂量的关系分析中得到类似结果，DCScore软件自动检测到的dic假阳性率有随照射剂量的增加而降低的趋势（99.67%～4.18%），且照射剂量大于2 Gy和3 Gy时假阳性率分别小于30%与20%（图4.2.9）。这一研究结果再次说明，当照射剂量

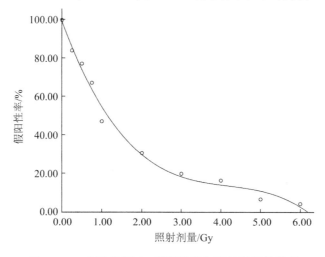

图4.2.9 自动分析dic假阳性率与照射剂量的关系

大于 2 Gy 时，dic 自动分析估算剂量用于临床分类诊断有可行性。

(3) dic 半自动分析和人工分析用时比较。

国外有报道显示，半自动分析可明显提高人工分析的工作效率。例如，人工分析 50 个核型和自动分析 150 个核型可以对受照人员或怀疑受照人员进行初步分类诊断，但熟练和有经验的专业技术人员分析 50 个核型至少需要 60 min，自动分析 150 个核型仅需 20 min，且人工确认 dic 只需 2 min，自动分析可将人工分析工作效率提高近 30 倍。

笔者所在实验室用 Metafer 4 系统采集 200 个高倍图像，分别用 DCScore 和 Ikaros 软件进行 dic 半自动和人工分析，比较 2 种计数方法所用时间（表 4.2.6）。由于 2 种分析均需要借助染色体扫描系统进行全玻片自动中期相寻找及高倍图像采集，所需时间同为 25 min。对系统采集的 200 个高倍图像，可供人工分析的图像平均按 150 个计，由于每个图像包含 dic 数（$0 \sim n$ 个）有所不同，实验室分析 1 个图像所用时间一般在 0.5~1.5 min，每个图像平均按 1 min 计算，则人工分析平均需要用时 150 min，而 dic 自动分析和候选 dic 的人工确认总共只需要用时 3 min，人工分析所用总时间（175 min）是半自动分析（28 min）的 6.25 倍。同时，自动分析中对候选 dic 的人工确认根据候选 dic 的多少用时在 1~3 min 之间，平均为 2 min，所以半自动分析可将人工工作效率提高 75 倍。因此，相较于人工分析，dic 半自动分析在剂量估算效率和人工工作效率两方面均可得到明显提高。

表 4.2.6 dic 半自动和人工分析所需时间

dic 半自动分析流程	所需时间	dic 人工分析流程	所需时间
中期相自动扫描	5 min	中期相自动扫描	5 min
高倍图像采集 200 个细胞	20 min	高倍图像采集 200 个细胞	20 min
dic 自动分析	1 min	人工分析 150 个高倍图像	150 min（1 min/图像）

续表

dic 半自动分析流程	所需时间	dic 人工分析流程	所需时间
候选 dic 的人工确认	2 min	—	—
总计	28 min	总计	175 min

(4) 自动分析需计数细胞数。

为了了解 dic 半自动分析在辐射应急响应分类诊断中应计数的细胞，法国学者 Gruel 在一次应急演练中模拟了不同辐射场景的 50 例受照人员，模拟的全身照射外周血样品的照射剂量为 0~4.7 Gy，模拟的局部照射是将照射与未照射血液样品按照不同的比例混合，然后进行 dic 的自动检测和估算剂量。结果显示，在 34 个模拟全身照射的血液样品中，有 32 个样品从第一张染色体玻片标本上自动检测 300~400 个细胞估算的剂量与照射剂量基本一致，可以给出较为可靠的分类诊断；但对于局部照射，只在较高的照射剂量点（3.7 Gy）才能作出较为正确的分类。此外，无论模拟的是全身还是局部照射，每增加 1 个分析标本，均可对分类作出校正。所以，以初步分类诊断为目的自动检测 300~400 个细胞估算剂量是可行的。对于最终的剂量估算需要自动分析的细胞数，则主要取决于初始估计剂量、物理剂量和受照人员临床症状等信息。笔者建议，剂量大于 1 Gy 时应自动分析 1 500 个细胞，剂量较低或怀疑受到局部照射时分析细胞数应增加到 3 000 个。

美国学者 Ryan 等关于 dic 自动分析估算剂量在辐射应急响应分类诊断中应计数的细胞数研究表明，通过调整 Metafer 系统中期相寻找算法和提高 DCScore 软件自动检测 dic 的灵敏度，在不需要人工干预去除假阳性 dic 的情况下，自动检测 150 个左右的细胞估算的剂量就能较好地区分出照射剂量为 0.5~3.0 Gy 的模拟 X 射线或 γ 射线照射。研究组认为 dic 自动分析作为检测工具可有效地应用于大规模核与辐射事故发生时快速的临床分类诊断。笔者所在实验室的研究得到类似结果,当照射剂量大于 2 Gy 时,自动检测 100~200 个细胞估算的剂量用于临床分类诊断有可行性。而且有文献报道显示,以分类诊断为目的、人工计数 50 个细胞与自动分析 150 个细胞的分类效率是类似的。因此,当大规模人群受到照射时,自动分析 150 个细胞可用于事故受照人员早期快速的临床分类诊断。

(5) dic 半自动分析用于不同辐射场景估算剂量的可行性。

2014 年,来自欧盟的学者为了验证其合作研究团队 2013 年报道的 6 家实验室建立的基于 dic 半自动分析构建的剂量-效应曲线,采集 33 位健康人的血液样品用 ^{60}Co γ 射线离体照射,分别模拟急性全身、局部和迁延性照射 3 种辐射暴露场景,每个暴露场景分别选用 3 个不同的照射剂量。照射后的血液样品双盲编号后运送到参加该项研究的不同实验室。每个实验室按照各自实验室的标准方法培养与制片,标本片用半自动分析系统计数 dic,每例样品计数 300 个中期细胞,将半自动分析得到的每细胞 dic 数代入前期基于 dic 半自动分析构建的剂量-效应曲线估算剂量。结果显示在模拟的急性全身照射条件下,所有实验室均能将 0 Gy、0.5 Gy、2.0 Gy 和 4.0 Gy 剂量点区分开,而且在大多数样品中估算的剂量与实际照射剂量的误差在 ±0.5 Gy 范围内;在模拟的迁延性照射条件下,所有实验室均能将 1.0 Gy、2.0 Gy 和 4.0 Gy 剂量点区分开,大多数样品中估算的剂量与实际照射剂量的误差亦在 ±0.5 Gy 范围内;在模拟的局部照射条件下,所有实验室均能将 2.0 Gy、4.0 Gy 和 6.0 Gy 剂量点区分开,但仅仅在几个样品中估算的剂量与实际照射剂量的误差在 ±0.5 Gy 范围内,可通过增加自动检测细胞数来降低误差率。

该项由 6 家实验室参加的研究结果提示,dic 半自动检测方法有用于受不同辐射场景照射后较为准确地对受照人员进行分类的潜能,而且在发生大规模核与辐射事故时,该方法是对受照人群进行高通量筛查分类的有用工具。

4.2.4.3 基于网络计数 dic 估算生物剂量

2014 年 Romm 等合作研究团队开展了基于互联网计数 dic 估算剂量用于应对大规模辐射事故人群分类的可行性研究。此研究利用该团队在 MULTIBIODOSE EU FP7 项目支持下建立的具有基于 dic 分析估算剂量经验的由 8 家实验室构成的网络，通过互联网传送高清中期相照片至网络实验室进行 dic 分析和估算剂量。具体方法为：将 4 家网络实验室利用染色体自动扫描系统捕获得到的超过 23 000 个高清中期相图像构建图库，并将之置于互联网（云端）上。这些图库包括可以构建完整剂量-效应曲线（0~5 Gy）的染色体中期图像，以及模拟的 3 种辐射场景（急性全身、局部和迁延性照射）的中期图像。2 家实验室提供的图库来自荧光加吉姆萨染色制备的染色体标本（收获前 3 h 加秋水酰胺），另 2 家实验室提供的图库来自吉姆萨染色制备的染色体标本（收获前 24 h 加秋水酰胺）。8 家网络实验室中的每一家实验室均要分析用于构建剂量-效应曲线的 3 个照射剂量点各 100 个中期图像，以及用于验证的 3 个未知剂量点各 50 个中期图像，每一个未知剂量点分别对应 3 种不同的模拟辐射场景。对这些中期图像首先用快速扫描分析，然后再进行常规的人工分析，计算每细胞 dic 数并构建剂量-效应曲线或估算剂量。结果显示，利用这 2 种分析方法构建的剂量-效应曲线是类似的，其二次方程系数无明显差异，方差分析显示每细胞 dic 数有明显的剂量-效应关系，而实验室环境、染色体标本制备方法以及秋水酰胺的加入时间对每细胞 dic 数未有明显影响（图 4.2.10）。同时，常规与快速扫描分析图像 2 种方法检测到的每细胞 dic 数高度相关（$R^2=97.5$，图 4.2.11）。这些结果提示，基于网络分析计数 dic 的方法可以作为高通量的工具应用于大规模核与辐射事故发生时的生物剂量估算。

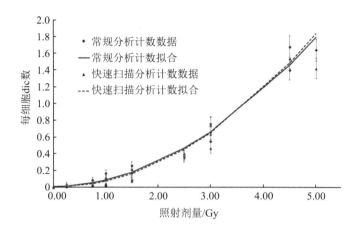

图 4.2.10　基于网络的常规与快速扫描分析图像计数 dic 构建的剂量-效应曲线

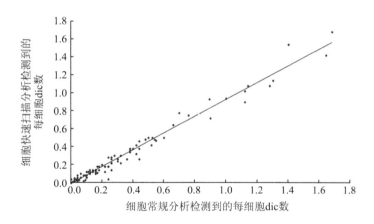

图 4.2.11　基于网络的常规与快速扫描分析检测到的每细胞 dic 数的相关关系

此后，Romm 等合作研究团队又对基于网络计数 dic 估算剂量进行了进一步验证。通过建立数字图像训练数据库（集），在欧洲生物剂量学和物理剂量学网络（Running the European Network of Biological and Retrospective Physical Dosimetry，RENEB）内研究基于网络分析计数 dic 的标准及剂量估算，并将参加比对的实验室由 8 家扩大到 17 家。其首先将

2套包含50个高清图像的图库上传到RENEB网站,其中1套包含中剂量(1.3 Gy)照射后获得的中期相,另1套包含高剂量(3.5 Gy)照射后获得的中期相。参加比对的实验室从网站下载图片后进行染色体畸变分析,用本实验室建立的刻度曲线估算剂量。结果表明,大多数实验室估算的剂量及其95%置信区间与实际照射剂量相比相关的z值是满意的,仅仅有2家实验室估算的剂量过低或过高(表4.2.7),变异系数对中剂量为17.6%、高剂量为11.2%。对于有争议的中期相可以通过训练加以识别。

表4.2.7 中和高剂量估算的剂量与z值结果

实验室	图库A (1.3 Gy)				图库B (3.5 Gy)			
	估算剂量/Gy	95%CI	z值	z^*值结果	估算剂量/Gy	95%CI	z值	z^*值结果
1	1.34	0.73~1.95	0.186	满意	3.62	2.98~4.27	0.293	满意
2	0.75	0.23~1.26	-2.506	有问题	2.62	1.98~3.26	-2.287	有问题
3	1.27	0.78~1.76	-0.140	满意	2.93	2.43~3.43	-1.488	满意
4	1.73	1.07~1.39	1.957	满意	3.67	2.95~4.40	0.421	满意
5	1.52	0.89~2.15	1.010	满意	3.81	3.16~4.47	0.779	满意
6	1.25	0.64~1.87	-0.208	满意	3.50	2.85~4.15	-0.028	满意
7	1.63	0.93~2.34	1.513	满意	3.77	3.07~4.46	0.655	满意
8	1.37	0.70~2.03	0.299	满意	3.79	3.07~4.52	0.725	满意
9	2.01	1.11~2.90	3.194	不满意	5.10	4.03~6.17	4.085	不满意
10	1.23	0.68~1.78	-0.314	满意	3.39	2.81~3.97	-0.319	满意
11	1.17	0.66~1.67	-0.612	满意	3.03	2.52~3.54	-1.236	满意
12	1.22	0.70~1.74	-0.367	满意	3.26	2.72~3.80	-0.642	满意
13	1.33	0.72~1.95	0.150	满意	3.58	2.92~4.25	0.185	满意
14	1.08	0.21~1.94	-1.015	满意	3.93	2.54~5.33	1.087	满意

续表

实验室	图库 A (1.3 Gy)				图库 B (3.5 Gy)			
	估算剂量/Gy	95%CI	z 值	z* 值结果	估算剂量/Gy	95%CI	z 值	z* 值结果
15	1.22	0.66~1.77	−0.385	满意	3.33	2.74~3.92	−0.462	满意
16	1.19	0.58~1.81	−0.489	满意	3.25	2.54~3.95	−0.676	满意
17	1.31	0.70~1.91	0.023	满意	3.45	2.77~4.12	−0.167	满意

注：* $|z|\leq 2$ 为满意，$2<|z|\leq 3$ 为有问题，$|z|>3$ 为不满意。

总之，由 17 家实验室参加的基于网络分析计数 dic 估算剂量的比对，在参加实验室间取得了基本一致的结果。这种新方法表明可以通过网络实验室快速完成剂量估算，以应对大规模核与辐射事故发生时的生物剂量估算。

4.2.4.4 成像流式细胞仪高通量生物剂量估算

随着技术的进步，成像流式细胞仪（imaging flow cytometer，IFC）的出现弥补了传统流式细胞技术的一些缺点，并成功地将这一技术应用于自动化细胞计数，从而明显增加样品通量，使一个实验室每天可以进行数百个样品的处理，或在实验室网络中处理数千个样品，大幅度提升生物剂量计作为事故分类工具应用于核事故医学应急的适用性。

1. 原理

IFC 是将传统流式细胞仪的统计功能与显微镜的灵敏度和特异性相结合。IFC 与传统流式细胞仪很相似，悬浮液中的单个颗粒被引入液流系统中，并在流动室中被水压聚焦成一个中心流束，随后用明场（bright field，BF）发光二极管光源和至少一束激光对颗粒进行照射，检测每个颗粒所标记的荧光信号产生的透射和散射的光信号并定量。由于要测量的终点不同，荧光标记的特性和随之产生的信号也有所不同。当每个颗粒通过流动室时，受光源照射激发而产生的散射光和来自每个颗粒的荧光信号被几个物镜收集。传统流式细胞仪输出的是荧光强度和散射信号的测量值,可用于生成直方图或需要进一步解释的数据的双变量图。而对 IFC 来说,BF、透射、散射和荧光信号由高数值孔径的物镜(20×、40×或60×)收集,并根据其波长被分解为特定的范围。这些光信号波段被投射到电荷耦合装置(charge-coupled device,CCD)相机的不同检测通道上,其光谱范围是430~800 nm。这些通道可以捕获子图像,子图像可以在单通道条件下被观察到,或在不同通道组合后观察到加强的完整荧光信号图像。IFC 还有一项附加功能,即扩展的景深(extended depth of field,EDF)模块,该功能允许来自不同焦面的光线同时在检测器平面上成像。EDF 模块能将所有结构和探针(如染色体或 γ-H2AX 焦点)聚焦到一个单一的二维图像中,从而提高细胞内在不同焦距深度处计数荧光点的能力。因此,IFC 可为通过流动室的每个颗粒提供一幅图像,其中包括基于图像特征的数字描述。与传统流式细胞仪相比,IFC 的巨大优势在于它能够在高样品通量数据库条件下使用成像分析算法。而且,这类分析模板一旦建立很容易在类似的实验系统之间分享,从而可以实现生物剂量计网络内实验室间的标准化。

IFC 的成像能力使其可作为一个强大的工具,明显提高现有用于生物剂量估算技术(如在显微镜下分析技术)的样品通量。样品悬液可以直接在 IFC 上进行处理分析,而在显微镜下的分析必须将悬液样品滴到玻片上染色后再分析,非常耗时耗力。IFC 能够以高达每秒 5 000 个细胞的速度收集颗粒信号,并将其保存到可在采集后随时分析的数据文件中。此外,IFC 还可以通过自动进样器来增强其功能,在无人值守的情况下对 96 孔板进行加样,从而明显提高对大量样品的自动分析能力,实现高通量的生物剂量测定。

2. IFC 检测 dic 的方法

就计数 dic 分析而言,在悬液中单个染色体的成像极具挑战性,因为与较大、完整的细胞相比,单个染色体要小得多。传统流式细胞仪从细胞碎片中区分出染色体比较困难，而且按照 dic 分析的要求，要鉴别和区分单着丝粒染色体和双着丝粒染色体则更为复杂。Beaton-Green 和 Wilkins 等利用 IFC 的成像能力，已能从染色体标本悬液中识别和计数单条染色体，并将单、双和多着丝粒染色体区分出来。该方法的要点有：首先将染色体从细胞中释放出来，其次用荧光标记的全着丝粒探针（荧光标记的全着丝粒肽核酸）对染色体着丝粒进行染色，然后用可以嵌入 DNA 的染料（如 DRAQ5）对染色体 DNA 进行染色，最后通过 IFC 检测，从而识别出个体染色体。此外，通过使用 EDF 模块，可以将在视野中所有体积较小的目标（如染色体）聚焦在一个点。

一旦确定了染色体数量，便可以通过荧光点计算算法计数着丝粒信号。荧光点计数功能可以自动计算出每条染色体上的着丝粒数量，并对 dic 的频率进行定量。由此，可基于 dic 率建立剂量-效应刻度曲线，这与传统的基于显微镜分析 dic 率估算剂量类似，IFC 方法检测到的 dic 率亦可以作为生物剂量计估算生物剂量。

3. IFC 检测 dic 在生物剂量估算中的应用

2013 年加拿大学者 Beaton 等首次报道了利用 IFC 检测 dic 建立剂量-效应曲线的探索性研究。他们利用 X 射线离体照射（0~5 Gy）人外周血，采用实验室常规方法分离和培养外周血单核细胞，培养 48 h 后，从收获的样品中分离染色体，分别采用 KCl 和聚胺方法对分离出的染色体着丝粒进行染色，然后用碘化丙啶对染色体 DNA 染色，最后将已经染过色的染色体悬液放入 IFC 进行 dic 检测分析。初步结果表明，IFC 可以识别单个的染色体，并可将单着丝粒染色体和双着丝粒染色体区分出来。以每染色体群 dic 数为指标建立的剂量-效应曲线符合二次方程模式，显示出明显的剂量-效应关系（$R^2 = 0.98$，图 4.2.12）。但在 0 Gy 剂量点，IFC 方法检出的每染色体群 dic 数（0.03，图 4.2.12）明显高于常规 dic 分析的每染色体群 dic 数（大约在 0.000 01~0.000 02 之间）。这样高的假阳性率在

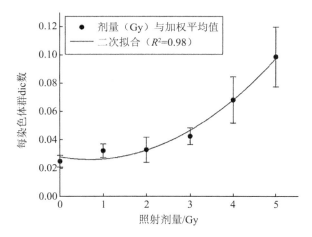

图 4.2.12 KCl 方法建立的剂量-效应刻度曲线

自动图像分析中也很常见,如利用 DCScore 软件自动鉴别分析 dic,最后要靠人工确认才能降低该检测方法的 dic 假阳性率。对于 IFC 检测技术来说,在图像分析和样品制备方法等方面仍有很大的改进空间,以进一步降低 dic 假阳性率。

由于 IFC 不需要制备染色体标本、扫描和人工辅佐的计数分析,因此 dic 分析所花费的时间要比常规 dic 分析短得多。例如,KCl 方法分离染色体(约 45 min)和制备染色的染色体悬液(1 h)只需要大约 1 h 45 min,每个样品在 IFC 上的分析时间在 5~20 min 之间,总计 2 h 左右就能完成全部检测工作。

总之,IFC 是一项能快速、自动分析荧光标记染色体的新技术,随着新技术的不断涌现和实验方法的改进,未来该项技术的检测效率和精度会逐步提高,以应对大规模核与辐射事故发生时的高通量生物剂量估算。

4.2.4.5 基于双着丝粒染色体自动化检测的高通量剂量估算平台

2017 年,美国学者 Ramakumar 等构建了基于双着丝粒染色体自动化检测的高通量剂量估算平台,实现从样品处理到染色体畸变分析、估算剂量等整个实验流程的自动化。该平台将过去基于实验室平台的人工辅佐分析 dic 的过程转变成一个连贯的过程,实现对受照个体高通量、自动化的生物剂量测定,以确保在质量控制和质量保证方面与国际标准规范一致。为此,他们设计了一套可行和便于采纳的实验室信息管理系统(Laboratory Information Management System, LIMS)以管理增加的样品处理能力,还为每台自动仪器编制了一套标准操作程序以避免在操作过程期间的数据转录错误,以及使用图像分析平台对染色体畸变进行自动化分析。

该项研究可在一定程度上填补目前细胞遗传学检测技术中存在的缺口,增加应对大规模核与辐射事故发生时 dic 分析在对受照人员进行准确剂量估算中的应用潜力。未来还需要对这套系统进行进一步标准化,以及在不同实验室间验证其可行性。此外,还可在已建立的细胞遗传学网络中由技术人员利用互联网分析样本的细胞遗传学图像,以期通过增加全球有分析经验的人员数量来减轻劳动密集型负担,这也是一大进步。

4.3 胞质分裂阻断微核(CBMN)分析法

4.3.1 微核及其形成机制

微核(micronuleus,MN)是指由于基因组 DNA 损伤导致细胞分裂后期滞后的染色体断片、一个或多个染色体不能随有丝分裂进入子细胞,而在细胞质中形成直径小于主核的 1/3 且完全与主核分开的圆形或椭圆形小核。

4.3.1.1 微核的形态学特征

微核的形态学特征有:a. 存在于完整的胞浆中,小于主核的 1/3;b. 形态为圆形或椭圆形,边缘光滑;c. 与主核有同样的结构,嗜色性与主核一致或略浅;d. 与非核物质颗粒相反,微核不折光;e. 与主核必须完全分离,如相切,应见到各自的核膜。

4.3.1.2 微核的检测方法

（1）常规培养微核法：采用微量全血培养法培养淋巴细胞，培养结束后经低渗、固定、制片和吉姆萨染色，分析和计数转化淋巴细胞中的微核检测方法。

（2）CBMN 分析：在培养的淋巴细胞完成第一次有丝分裂前，向培养体系中加入松胞素-B，阻断胞质分裂，培养结束后经低渗、固定、制片和染色，只计数和分析双核淋巴细胞中微核的方法。

4.3.1.3 微核的形成机制及与染色体畸变的关系

国外学者基于着丝粒和端粒探针的荧光原位杂交（fluorescence in situ hybridization，FISH）研究结果证实微核确实来自无着丝粒断片和整条染色体（图 4.3.1）。因此，辐射诱发的微核和染色体畸变存在直接关系，但又不能等同。原因是对淋巴细胞来说，辐射诱发的染色体畸变主要为染色体型畸变。虽然大多数畸变可伴随断片，如 dic+r 的伴随断片，但稳定性畸变的 rep 和 inv 等不伴有断片，所以微核只部分反映染色体结构畸变。除上述染色体型畸变的断片可形成微核外，染色单体断片、单或多条滞后的染色体也可形成微核。因此，生物、化学和物理（包括电离辐射）因素均可诱发微核，其产生对电离辐射没有特异性。

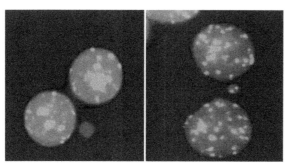

(a) 无着丝粒断片的微核　　(b) 整条染色体的微核

图 4.3.1　着丝粒阴性和阳性的微核（2011 年 IAEA 技术报告）

4.3.1.4 年龄、性别对微核率的影响

除了上述生物、化学和物理因素会诱发微核率升高外，年龄、性别对微核率亦有明显影响。有基于全着丝粒探针 FISH 的 CBMN 试验发现，正常健康人群淋巴细胞中的 MN 有 70% 以上是来自细胞分裂后期滞后的整条染色体，仅有不到 30% 的 MN 来自无着丝粒断片，这使健康人群中 MN 率随着年龄的增加升高；并且女性的微核率高于男性，原因是女性比男性多一条形态较大的 X 染色体更易因纺锤体受损而丢失。因此，MN 率受年龄和性别的影响，本底值较高。

4.3.1.5 微核的自发率

微核的自发率与检测方法有关。常规培养微核检测的是转化淋巴细胞单核的自发率，不同地区及不同实验室报道结果不同，微核自发率的范围在 0~6‰ 之间。而 CBMN 检测的是双核淋巴细胞的自发率，检出微核的灵敏度明显提高，因此不同地区及不同实验室报道结果不同，CBMN 自发率的范围在 0~30‰ 之间。

4.3.2 CBMN 分析用于生物剂量估算的方法学

微核发生率与受照剂量间亦有明显的量效关系，微核分析作为一种方法简便、易于掌握的细胞遗传检测方法，在急性照射生物剂量估算中亦得到较为广泛的应用。本部分重点介绍微核标本制备和分析方法。

4.3.2.1 微核检测的实验室条件和试剂配制

本部分实验室条件和试剂配制详见 4.2.3.2。松胞素-B 的分子式为 $C_{29}H_{37}NO_5$，不溶于水，易溶于二甲基亚砜，在培养体系中适宜的浓度可以抑制细胞运动和胞质分裂，而不影响胞核分裂。CBMN 试验中松胞素-B 储存液配制方法为：将松胞素-B 溶于二甲基亚砜中，浓度为 2 mg/mL，−20 ℃ 储存，用前融化，生理盐水稀释，加入培养体系后的终浓度为 6 μg/mL。

4.3.2.2 血液样品的处理、保存和运输

本部分样品的处理、保存和运输详见 4.2.3.3。

4.3.2.3 微量全血培养步骤与微核标本的制备

1. 微量全血培养步骤

（1）接种要求：将采集的静脉血 0.3~0.5 mL 加入 4~5 mL 含植物血凝素和 10%~20% 胎牛血清的 RPMI-1640 培养基中，在培养容器上编号并注明培养开始时间和日期，轻轻摇匀，37 ℃±0.5 ℃恒温培养。

（2）培养条件：如采用常规培养微核法，培养至 68~72 h 收获细胞；如采用 CBMN 分析，培养至 40~44 h，加入松胞素-B，使其终浓度为 6 μg/mL，继续培养至 72 h 收获细胞。

2. 微核标本的制备

（1）人工制备：

① 低渗：吸弃培养液上清，摇匀，每管加入 4 mL 37 ℃预温的 KCl 低渗液（常规培养法低渗液浓度宜为 0.075 mol/L，CBMN 分析低渗液浓度宜为 0.1 mol/L），轻轻吹打均匀，立即加入新配制的固定液 0.5~1 mL（甲醇体积：冰醋酸体积=3:1），混匀，移至 10~15 mL 离心管中，水平离心机离心 8~10 min，离心力为 200~$250 \times g$。

② 固定：弃上清，摇匀，加入 4.5 mL 固定液，室温固定 20~30 min，水平离心机离心 8~10 min，离心力为 200~$250 \times g$。离心后可用固定液洗涤细胞，以减少细胞悬液中的杂质。

③ 制片：弃上清，视细胞数量酌情加入固定液数滴，充分混匀，将细胞悬液均匀滴在 4 ℃预冷或洁净干燥的载玻片上，室温干燥。

④ 编号：对每一张微核标本玻片进行编号，并做好记录。

⑤ 染色：用体积比为 8%~10% 的瑞氏-吉姆萨染液或吉姆萨染液染色 8~10 min，轻轻冲洗，室温干燥。

（2）自动制备：配备有自动细胞收获仪、自动制片机和自动染片机的

实验室，可按照生产商提供的操作指南自动制备微核标本。

4.3.2.4 微核分析

（1）人工阅片：盲法阅片。按显微镜载物台刻度坐标，从右至左逐列或逐行对每张微核标本玻片进行扫描式阅片，常规培养微核法寻找转化的单核淋巴细胞。如果采用 CBMN 分析，即寻找双核淋巴细胞，对每位受检者至少分析 1 000 个转化淋巴细胞。

（2）自动分析：应用高通量染色体自动扫描系统中微核或 CBMN 微核自动扫描分析软件，在 10 倍物镜下对淋巴细胞进行自动扫描，并同步捕获 2 000 个转化淋巴细胞或双核淋巴细胞。扫描结束后软件给出自动检测到的含微核的细胞，人工去除假阳性微核，然后将软件给出的经过人工确认的微核数和应分析细胞数等数据导出，结果以微核率（‰）表示。自动扫描系统每次可批量扫描 80 张玻片，设定相关程序后，无须人员操作自动完成细胞的扫描和捕获。

（3）微核的判定标准：微核应游离于胞质中，与主核完全分开，直径为主核的 1/16~1/3，与主核不连接、不重叠（重叠或相切时，应看到各自的完整核膜），无折光性，应与染料颗粒等杂质相区别，着色深浅与主核相同或略浅。

（4）双核淋巴细胞的判定标准：细胞应为双核细胞，同一个双核细胞中的两个细胞核应具有各自完整的核膜，并位于相同的细胞质边界内，两个细胞核大小、质感和染色强度应大致相等并完全分离；或者可由一个或多个核质桥连接，核质桥大小不超过核直径的 1/4；两个细胞核重叠时，应看到各自的完整核膜。双核细胞的细胞质边界或细胞膜应完整，并与相邻细胞的细胞质边界明显区分。

（5）分析和记录：常规培养微核法观察转化的单核淋巴细胞；CBMN 分析观察双核淋巴细胞，如发现微核，应在微核分析记录表中记录显微镜坐标，自动分析时在微核分析记录表中记录图片文件名，以备复核。

4.3.3 CBMN 分析在生物剂量估算中的应用概况

微核主要源于非稳定性染色体畸变，微核的产额（Y）与照射剂量（D）间亦可拟合为二次方程，即 $Y=C+\alpha D+\beta D^2$。式中，C 为自发微核率，α 为线性系数，β 为剂量平方系数，D 可以作为生物剂量计指标估算急性照射时的受照剂量。但微核率的本底值较高，估算剂量的下限为 0.25 Gy，高于 dic 指标的 0.1 Gy。由于微核的产生没有特异性，而且受照后衰减速度比染色体畸变更快，受年龄、性别等因素的影响较大，因此不能对早先受照人员进行剂量重建和对慢性低剂量受照人员进行累积剂量的估算。本部分主要介绍基于微核指标的剂量-效应曲线建立和影响量效关系的因素等。

4.3.3.1 剂量-效应刻度曲线的建立与剂量估算应用举例

微核分析作为生物剂量计，首先要在离体条件下用不同剂量的射线照射健康人外周血，根据微核率与照射剂量的关系制作刻度曲线。发生辐射事故时，取受照人员的外周静脉血，在标准条件下进行培养、制片及微核分析，根据所得出的微核率，从相应射线所建立的刻度曲线回归方程估算人员受照剂量。

1. 剂量-效应刻度曲线的建立

（1）健康人供血者的要求：采血前须获取志愿者的知情同意。志愿者为 2~4 名健康成年人，非放射工作者，男女各半，年龄在 18~60 岁，无烟酒嗜好，半年内无急、慢性疾病史，无射线和化学毒物接触史，近一个月内无病毒感染史。抽取静脉血 8~10 mL，注入肝素抗凝管。

（2）照射条件：必须提供可靠的、明确的照射样品的物理剂量。受照样品应与放射源保持一定的距离，以达到均匀照射的目的。有条件的实验室应建立包括不同辐射类型（如 X 射线、γ 射线、中子）、不同剂量率（如低 LET 辐射）的剂量-效应标准曲线。对于低 LET 辐射，剂量范围选择 0.25~5.0 Gy，剂量率介于 0.3~1.0 Gy/min 之间，至少选择 8 个剂量点，其中 0.25~1.0 Gy 范围内刻度曲线的剂量点不少于 4 个。剂量点可选择 0.25 Gy、0.5 Gy、0.75 Gy、1.0 Gy、2.0 Gy、3.0 Gy、4.0 Gy 和 5.0 Gy。对于高 LET 辐射，剂量范围选择 0.05~3.0 Gy，剂量点可选择 0.05 Gy、0.1 Gy、0.5 Gy、1.0 Gy、1.5 Gy、2.0 Gy、2.5 Gy 和 3.0 Gy。在 37 ℃±0.5 ℃ 的条件下进行离体照射，照射后在上述温度下放置 2 h 以利于细胞损伤修复。

（3）微量全血培养、微核标本制备和分析：详见 4.3.2.3 和 4.3.2.4。

（4）应分析细胞数的计算：应分析细胞数的计算公式是根据微核细胞率符合二项分布得出的，若已知微核细胞率和允许误差，就可以根据二项分布 95%置信区间公式求出应分析细胞数，生物学实验一般容许误差采用 15%，这需要分析的细胞数相当大，目前多采用 20% 的容许误差，其公式为：

$$n = \frac{96.04(1-p)}{p} \quad (4.3.1)$$

式中，p 为微核细胞率，n 为应分析细胞数。p 可以从预实验中得到，也可以在分析过程中计算出。一般是先分析 200~300 个双核细胞，计算微核细胞率，然后代入式（4.3.1）计算应分析细胞数。例如，先分析 200 个细胞，观察到 20 个含有微核的细胞，应分析细胞数 $n = 96.04(1-0.1)/0.1 \approx 864$（个）。

（5）微核均值和标准误的计算：按微核的识别标准及分析的细胞数，计算微核细胞率或微核率以及它们的误差（标准误）。

① 微核细胞率：指观察到的含有微核的细胞占分析细胞数的份额。微核细胞中不论含有 1 个还是多个微核均按 1 个微核细胞计，其计算公式为 $p = X/n \times 1\,000‰$。式中，p 为微核细胞率（每千细胞微核细胞数，‰），X 为微核细胞数，n 为分析细胞数。

由于微核细胞率在统计上符合二项分布，其标准误（S_p）的计算公式为：

$$S_p = \sqrt{\frac{p(1-p)}{n}} \times 1\,000‰ \quad (4.3.2)$$

式中，p 为微核细胞率，n 为分析细胞数。

总体率的置信区间公式如下：

$$\text{总体率95\%置信区间} = p \pm 1.96\,S_p \quad (4.3.3)$$

$$\text{总体率99\%置信区间} = p \pm 2.58\,S_p \quad (4.3.4)$$

② 微核率：指观察到的微核数占分析细胞数的份额，其计算公式为 $p = X/n \times 1\,000‰$。式中，p 为微核率，X 为微核数，n 为分析细胞数。

由于微核率在统计上符合泊松分布，其标准误（S_p）的计算公式为：

$$S_p = \frac{\sqrt{X}}{n} \times 1\,000‰ \quad (4.3.5)$$

式中，X 为微核数，n 为分析细胞数。

总体率的置信区间公式如下：

$$\text{总体率95\%置信区间} = p \pm 1.96\,S_p \quad (4.3.6)$$

$$\text{总体率99\%置信区间} = p \pm 2.58\,S_p \quad (4.3.7)$$

(6) 剂量-效应曲线回归方程的拟合：

① 回归方程的数学模式：现有研究显示，对于低 LET 辐射，如 X 和 γ 射线，微核率（Y）与照射剂量（D）间可拟合为线性二次方程，即 $Y = C + \alpha D + \beta D^2$。式中，$C$ 为自发微核率，α 为线性系数，β 为剂量平方系数。而对于高 LET 辐射（如中子），由于 α 值变大，β 值与微核率几乎不相关，在统计上可以被忽略，所以拟合的方程为线性方程，即 $Y = C + \alpha D$。

② 回归方程的人工拟合：通过解方程式的方法计算回归系数，拟合剂量-效应曲线。目前，已有各种拟合剂量-效应曲线的统计软件，只要将变量 x（即 D，照射剂量）和变量 Y（微核率）输入要拟合的数学模式中，

即可得出具体的回归系数（回归方程），并给出检验回归系数显著性的 P 值以及检验拟合度的相关系数 R^2。

③ 回归方程的软件拟合：可按照免费的、国际学界公认的专业剂量-效应刻度曲线与剂量估算软件 CABAS 的说明，将分析得到的微核率和对应的照射剂量分别输入该软件，拟合出相应的剂量-效应曲线，其公式亦为 $Y = C + \alpha D + \beta D^2$。同时，软件还给出了检验回归系数显著性的 P 值和检验拟合度的相关系数 R^2 值。

（7）估算吸收剂量的公式：

① 当剂量-效应关系可拟合为线性方程时，估算吸收剂量的公式是：

$$D = (Y-C)/\alpha \tag{4.3.8}$$

② 当剂量-效应关系可拟合为二次多项式方程时，估算吸收剂量的公式是：

$$D = \frac{-\alpha + \sqrt{\alpha^2 + 4\beta(Y-C)}}{2\beta} \tag{4.3.9}$$

上两式中，D 为照射剂量（Gy），C 为自发微核率，α 和 β 为回归系数。

2. 剂量估算应用举例

某人受 ^{60}Co γ 射线一次全身照射后 48 h 内取血，采用微量全血法培养淋巴细胞，分析 800 个双核淋巴细胞，发现微核 514 个，估算其生物剂量结果如下：

微核率为 $p = \frac{514}{800} \times 1\,000‰ = 642.5‰$，标准误 $S_p = \frac{\sqrt{514}}{800} \times 1\,000‰ \approx 0.028\,3 \times 1\,000‰ = 28.3‰$。

95% 置信区间：$95\%CI = p \pm 1.96 S_p = 642.5‰ \pm 1.96 \times 28.3‰$。计算微核率的 95% 置信区间为（587.0‰，698.0‰）。

选用 GBZ/T 328—2023《放射工作人员职业健康检查外周血淋巴细胞

微核检测方法与受照剂量估算标准》所建立的 ^{60}Co γ 射线照射离体人外周血 CBMN 的剂量-效应曲线：$Y = 17.911\ 9 + 33.383\ 8D + 42.880\ 9D^2$。

其中，Y 为微核率（‰），D 为照射剂量（Gy）。该曲线的剂量范围为 0.1~5.0 Gy，剂量率为 0.38 Gy/min。

将 642.5‰、587.0‰和 698.0‰分别代入 Y 项，解方程后求出平均剂量为 3.45 Gy，下限为 3.27 Gy，上限为 3.61 Gy，估算剂量结果为 3.45（3.27~3.61）Gy。

3. CBMN 分析估算剂量的适用对象、条件与局限性

（1）适用对象：适用于急性全身外照射事故受照人员的剂量估算，不适用于分次照射、小剂量长期慢性外照射的累积剂量及放射性核素体内污染的内照射剂量估算。

（2）适用条件：

① 受照方式：对一次急性全身外照射的剂量估算较为可靠，对不均匀、局部和迁延性照射估算剂量的准确性较差。

② 取血时间：受到照射后应尽快取得血液样品，最好在事故后 48 h 至 1 周内取血进行培养，最迟不宜超过受照后 4 周。如果要对受照者进行药物、血液输注或骨髓治疗，应在治疗前取血培养。

③ 估算的剂量范围：微核分析方法估算剂量的范围一般为 0.25~5 Gy。需要说明的是，对低剂量照射除非分析大量细胞，否则估算的剂量有很大的不可靠性。

④ 应分析细胞数：分析的细胞数应当尽量满足统计学要求。对估算剂量的个体，至少应分析 500 个以上的双核淋巴细胞。对受照剂量较大的个体，如达不到上述细胞数，可计数全片所有双核淋巴细胞。

⑤ 剂量-效应曲线的选择：选择与事故照射接近的射线类型和剂量率建立的剂量-效应刻度曲线进行剂量估算，不得外推。有条件的实验室应建立不同辐射类型和不同剂量率照射的剂量-效应刻度曲线，以备辐射事

故应急时所需。

⑥ 95%置信区间剂量范围：在给出估算剂量均值的同时，还应根据微核率的标准误，计算出95%置信区间剂量范围。

（3）应用中的局限性：

① 非均匀照射：剂量-效应刻度曲线原则上只能应用于均匀性全身照射。然而，在实际事故中照射多数是不均匀的，甚至是以局部为主的照射。通过分析外周血淋巴细胞微核进行生物剂量估算时，无论在时间还是空间上受到的照射剂量都是不均匀的，此时估算的剂量称为全身当量剂量。此外，与dic估算剂量相比，微核分析对于非均匀照射特别是局部照射的剂量估算有较大的局限性。

② 迁延性照射：由于微核来自无着丝粒断片，其会随着照后时间延长而丢失，对于迁延性照射估算的剂量会偏低。

③ 延迟采样：有时受照后几个月甚至更长时间才发现放射损伤，此时无着丝粒断片大部分已丢失，所以微核分析不适于延迟采样时的剂量估算。

4.4 早熟染色体凝集环（PCC-R）分析法

4.4.1 早熟染色体凝集环

当一个分裂期细胞和一个间期细胞融合后，间期细胞核被诱导提前进入有丝分裂期，这时间期细胞核膜溶解，核内极度分散状态的染色质凝缩成染色体样的结构，这种细纤维的染色体称为早熟染色体凝集（premature chromosome condensation，PCC），间期细胞被照射后产生的环状染色体（ring，R）就称为早熟染色体凝集环（PCC-R）。传统的检测方法需要细胞融合技术，由于操作程序复杂不易推广应用。有国外学者发现DNA磷酸化拟制剂冈田酸（Okadaic acid）和花萼海绵体诱癌素A（Calyculin A）

等可使外周血淋巴细胞在任何一个周期时相都能产生 PCC，用这种方法在显微镜下仅计数 PCC-R，就可以较快速地对受照人员进行剂量估算。该法主要应用于急性照射特别是超大剂量照射时受照人员的生物剂量估算，准确估算的剂量范围在 5~20 Gy 之间，是一种适合大剂量照射的生物剂量估算方法，也是对常规 dic 分析不能准确估算超大剂量的良好补充。

4.4.2 PCC-R 分析用于生物剂量估算的方法学

由于 PCC-R 的发生率与受照剂量间亦呈现明显的量效关系，是一种方法简便、易于掌握的细胞遗传检测方法，因此近年来其在超大剂量急性照射事故生物剂量估算中得到较好的应用。本部分主要介绍 PCC-R 标本制备和分析方法。

4.4.2.1 PCC-R 检测的实验室条件和试剂配制

本部分实验室条件和试剂配制详见 4.2.3.2。专用化学诱变剂冈田酸和花萼海绵体诱癌素 A 有致癌作用，因此在配制和使用时要注意安全操作，其配制方法如下。

1. 冈田酸工作液配制

将 1 mL 二甲基亚砜加入 25 μg 冈田酸粉末中，混匀后置于 -20 ℃ 低温冰箱保存备用。

2. 花萼海绵体诱癌素 A 工作液配制

将 1 mL 无水乙醇加入 10 μg 花萼海绵体诱癌素 A 粉末中，混匀后置于 -20 ℃ 低温冰箱保存备用。

4.4.2.2 血液样品的处理、保存和运输

本部分样品的处理、保存和运输详见 4.2.3.3。

4.4.2.3 微量全血培养与 PCC-R 标本的制备

1. 微量全血培养步骤

（1）接种要求：将采集的静脉血 0.5 mL 加入 5 mL 含植物血凝素和

10%~20%胎牛血清的 RPMI-1640 培养基中，在培养容器上编号并注明培养开始时间和日期，轻轻摇匀，每个样品设 2 个平行样，37 ℃±0.5 ℃恒温培养。

（2）培养条件：培养 46~47 h 后，加入终浓度为 50 nmol/L 的花萼海绵体诱癌素 A 或终浓度为 500 nmol/L 的冈田酸，继续培养 1~2 h。

2. PCC-R 标本制备

（1）人工制备：

① 收获细胞：用吸管吹打培养物，转入 15 mL 刻度离心管中，水平离心机 $250 \times g$ 离心 10 min，弃上清液，约留 1 mL 剩余沉淀物。

② 低渗：每离心管中加入 37 ℃预温的 0.075 mol/L 氯化钾（KCl）至 8~10 mL，用吸管吹打均匀，置 37 ℃低渗处理 10~30 min。

③ 预固定：每离心管中加入 1~2 mL 新配制的固定液（甲醇体积：冰醋酸体积=3：1），用吸管轻轻吹吸混匀，$250 \times g$ 离心 10 min，弃上清液。

④ 固定：每离心管中加入 8 mL 固定液，轻轻吹吸混匀，室温固定 20 min，$250 \times g$ 离心 10 min，弃上清液。重复固定 1 次。

⑤ 制片：弃上清液，视细胞数量酌情加入固定液数滴，充分混匀，将细胞悬液均匀滴在 4 ℃预冷或洁净干燥的载玻片上，室温干燥。

⑥ 编号：对每一张 PCC-R 标本玻片进行编号，并做好记录。

⑦ 染色：用体积比为 8%~10%的瑞氏-吉姆萨染液或吉姆萨染液染色 8~10 min，轻轻冲洗，室温干燥。

（2）自动制备：配备有自动细胞收获仪、自动制片机和自动染片机的实验室，可按照生产商提供的操作指南自动制备 PCC-R 标本。

4.4.2.4　PCC-R 分析

1. 人工显微镜下阅片

在光学显微镜的低倍镜（10×）下，寻找合适的早熟染色体凝集分裂相；然后在油镜（100×）下将早熟染色体凝集分裂相调至视野正中间，计数早熟染色体凝集环的数量。

2. 人工分析 PCC 图片

利用染色体扫描系统采集到的高倍图像，人工计数 PCC-R 的数量。

3. PCC-R 的判定标准

（1）PCC-R：分为空心环和实心环。空心环是呈中空的圆环形或不规则的环形结构。实心环则是呈实心球状的结构，稍致密，直径大于早熟凝集染色单体的横径。在分析时不计数实心环。由于在吉姆萨染色的 PCC 细胞中不能区分出明显的着丝粒，所以计数的 PCC-R 包括着丝粒和无着丝粒环。

（2）G_2/M 和 M/A 期相：两条姐妹染色单体排在一起的分裂相称作 G_2/M（G_2 phase/metaphase）期早熟染色体凝集分裂相，这种分裂相中出现的环称作 G_2/M 期早熟染色体凝集环。G_2/M 期早熟染色体凝集分裂相中排在一起的 2 个大小相近的环状结构，计数 1 个早熟染色体凝集环。两条染色单体明显处于分开状态的分裂相称作 M/A（metaphase/anaphase）期早熟染色体凝集分裂相，这种分裂相中出现的环称作 M/A 期早熟染色体凝集环。M/A 期早熟染色体凝集分裂相中的每个环状结构，计数 1 个早熟染色体凝集环（图 4.4.1）。

(a) G_2/M-PCC 细胞中的 1 个空心环　　(b) M/A-PCC 细胞中的 1 对空心环

图 4.4.1　早熟染色体凝集环示例（2011 年 IAEA 技术报告）

4. 分析和记录

检测到早熟染色体凝集环时，需要进行拍照，并在分析记录表中记录显微镜坐标；分析 PCC-R 图片应在记录表中记录图片文件名和图片序号，以备复核。

4.4.3 PCC-R 分析在生物剂量估算中的应用概况

1999 年，日本学者利用冈田酸诱导人外周血淋巴细胞产生 PCC，首次构建了基于 200 kV X 射线离体照射人外周血诱发以 PCC-R 为指标的剂量-效应曲线，随后不久就将之应用于发生在 1999 年 9 月 30 日的日本东海村严重临界核事故 3 例受照者的生物剂量估算中，估算的 3 例受照者的剂量分别为 20 Gy、7.4 Gy 和 2.3 Gy，与用优化的 dic 或 dic+r 估算的剂量基本一致；但对于受照剂量低于 5 Gy 的受照者，PCC-R 估算的剂量（2.3 Gy）低于 dic+r 估算的剂量（3.0 Gy）。该研究认为相较于 dic+r 指标，PCC-R 指标估算超大剂量照射更为简便快捷且估算剂量更为准确。用 PCC-R 指标估算生物剂量的新尝试从此开启。本部分主要介绍基于 PCC-R 指标的剂量-效应曲线建立和影响量效关系的因素等。

4.4.3.1 剂量-效应刻度曲线的建立与剂量估算应用举例

PCC-R 分析作为生物剂量计，首先要在离体条件下用不同剂量的射线照射健康人外周血，根据 PCC-R 率与照射剂量的关系制作刻度曲线。发生辐射事故时，取受照人员的外周静脉血，在标准条件下进行培养、制片及畸变分析，根据所得出的 PCC-R 率，从相应射线所建立的刻度曲线回归方程估算人员所受照射的剂量。

1. 剂量-效应曲线的建立

（1）健康人供血者的要求：采血前须获取志愿者的知情同意。志愿者为 2~4 名健康成年人，非放射工作者，男女各半，年龄在 18~60 岁，无烟酒嗜好，半年内无急、慢性疾病史，无射线和化学毒物接触史，近一个月内无病毒感染史。抽取静脉血 8~10 mL，注入肝素抗凝管。

（2）照射条件：必须提供可靠的、明确的照射样品的物理剂量。X 或 γ 射线照射剂量范围在 4~20 Gy；照射剂量率选择 0.3~1 Gy/min，照射剂量点在 6~8 个（均匀布点）；37 ℃进行照射。照射后将样品置于 37 ℃恒温培养箱中修复 2 h，然后进行细胞培养。

（3）微量全血培养、PCC 标本制备和分析：详见 4.4.2.3 和 4.4.2.4。

（4）应分析细胞数的计算：应分析细胞数的计算公式是根据 PCC-R 细胞率符合二项分布得出的，若已知 PCC-R 细胞率和允许误差，就可以根据二项分布 95% 置信区间公式求出应分析细胞数，生物学实验一般容许误差采用 15%，这需要分析的细胞数相当大，目前多采用 20% 的容许误差，其公式为：

$$n = \frac{96.04(1-p)}{p} \quad (4.4.1)$$

式中，p 为 PCC-R 细胞率，n 为分析细胞数。p 可以从预实验中得到，也可以在分析过程中计算出。一般是先分析 200 个 PCC-R 细胞，计算 PCC-R 细胞率，然后代入式（4.4.1）计算应分析细胞数。如，先分析 200 个细胞，观察到 50 个含有 PCC-R 的细胞，应分析细胞数 $n = 96.04(1-0.25)/0.25 \approx 288$（个）。

（5）PCC-R 均值和标准误的计算：按 PCC-R 的识别标准及分析细胞数，计算 PCC-R 细胞率和每细胞 PCC-R 数以及它们的误差（标准误）。

① PCC-R 细胞率：指观察到的含有 PCC-R 的细胞占分析细胞数的份额。PCC-R 细胞中不论含有 1 个还是多个环均按 1 个 PCC-R 细胞计，其计算公式为 $p = X/n$。式中，p 为 PCC-R 细胞率，X 为 PCC-R 细胞数，n 为分析细胞数。

由于 PCC-R 细胞率在统计上符合二项分布，其标准误（S_p）的计算公式为：

$$S_p = \sqrt{\frac{p(1-p)}{n}} \qquad (4.4.2)$$

式中，p 为 PCC-R 细胞率，n 为分析细胞数。

总体率的置信区间公式如下：

$$\text{总体率 95\% 置信区间} = p \pm 1.96 S_p \qquad (4.4.3)$$

$$\text{总体率 99\% 置信区间} = p \pm 2.58 S_p \qquad (4.4.4)$$

② 每细胞 PCC-R 数：指观察到的 PCC-R 数占分析细胞数的份额，其计算公式为 $p = X/n$。式中，p 为每细胞 PCC-R 数，X 为 PCC-R 数，n 为分析细胞数。

由于每细胞 PCC-R 数在统计上符合泊松分布，其标准误（S_p）的计算公式为：

$$S_p = \frac{\sqrt{X}}{n} \qquad (4.4.5)$$

式中，X 为 PCC-R 数，n 为分析细胞数。

总体率的置信区间公式如下：

$$\text{总体率 95\% 置信区间} = p \pm 1.96 S_p \qquad (4.4.6)$$

$$\text{总体率 99\% 置信区间} = p \pm 2.58 S_p \qquad (4.4.7)$$

(6) 剂量-效应曲线回归方程的拟合：

① 回归方程的数学模式：现有研究显示，对于低 LET 辐射，如 X 和 γ 射线，每细胞 PCC-R 数（Y）与照射剂量（D）间可拟合为线性二次方程，即 $Y = C + \alpha D + \beta D^2$。式中，$C$ 为自发畸变率，α 为线性系数，β 为剂量平方系数。

② 回归方程的人工拟合：通过解方程式的方法计算回归系数，拟合剂量-效应曲线。目前，已有各种拟合剂量-效应曲线的统计软件，只要将变量 x（即 D，照射剂量）和变量 Y（每细胞 PCC-R 数）输入要拟合的数学模式中，即可得出具体的回归系数（回归方程式），并给出检验回归系

数显著性的 P 值以及检验拟合度的相关系数 R^2 值。

③ 回归方程的软件拟合：可按照免费的、国际学界公认的专业剂量-效应刻度曲线与剂量估算软件 CABAS 的说明，将分析得到的每细胞 PCC-R 数和对应的照射剂量分别输入该软件，拟合出相应的剂量-效应曲线，其公式亦为 $Y=C+\alpha D+\beta D^2$。同时，软件还给出了检验回归系数显著性的 P 值和检验拟合度的相关系数 R^2 值。

（7）估算吸收剂量的公式：

① 当剂量-效应关系可拟合为线性方程时，估算吸收剂量的公式是：

$$D=(Y-C)/\alpha \tag{4.4.8}$$

② 当剂量-效应关系可拟合为二次多项式方程时，估算吸收剂量的公式是：

$$D=\frac{-\alpha+\sqrt{\alpha^2+4\beta(Y-C)}}{2\beta} \tag{4.4.9}$$

上两式中，D 为照射剂量（Gy），Y 为每细胞 PCC-R 数，C 为自发畸变率，α 和 β 为回归系数。

2. 剂量估算应用举例

某男性受到 ^{60}Co γ 射线照射，受照后 24 h 内取外周血，分析 1 000 个 PCC 细胞分裂相，观察到 57 个 PCC-R，由此可以估算出：

每细胞 PCC-R 数为 $p=\dfrac{57}{1\,000}=0.057$，标准误 $S_p=\dfrac{\sqrt{57}}{1\,000}\approx0.007\,5$。

95% 置信区间：95% CI $=p\pm1.96S_p=0.057\pm1.96\times0.007\,5$。因此，检测 PCC-R 率置信区间为（0.042 3，0.071 7）。

选用卫生行业标准 WS/T 615—2018《辐射生物剂量估算 早熟染色体凝集环分析法》所建立的 ^{60}Co γ 射线照射离体人外周血 PCC-R 的剂量-效应曲线：$Y=0.003\,3+0.008\,3D+0.000\,22D^2$。

其中，Y 为每细胞 PCC-R 数，D 为照射剂量（Gy）。该曲线的剂量范围为 4~20 Gy，剂量率为 1 Gy/min。

将 0.057、0.042 3 和 0.071 7 分别代入 Y 项，解方程后求出平均剂量为 5.63 Gy，下限为 4.23 Gy，上限为 6.96 Gy，估算的剂量为 5.63（4.23，6.96）Gy。

亦可以将分析细胞数（1 000）、检测得到的 PCC-R 数（57）和回归方程式的各项回归系数输入剂量估算软件 CABAS 中，估算的平均剂量为 5.63 Gy，95%置信区间下限为 4.32 Gy、上限为 7.15 Gy。

3. PCC-R 分析估算剂量的适用对象、条件与局限性

(1) 适用对象：适用于发生在受照后 1 个月内、剂量在 4~20 Gy 范围内的 X 或 γ 射线、急性全身均匀或近似均匀外照射的受照人员的生物剂量估算。不适用于小剂量长期慢性外照射的累积剂量及放射性核素体内污染的内照射剂量估算。

(2) 适用条件：

① 受照方式：对一次急性全身外照射的剂量估算较为可靠，对局部或分次外照射剂量的估算有很大的不确定性。

② 取血时间：有报道对日本东海村事故幸存者随访 14 个月显示，dic、r 和 PCC-R 的半减期分别为 13.5、8.7 和 8.5 个月。因此，受到照射后应尽快取得血液样品，最好在事故后 48 h 至 1 周内取血进行培养，最迟不宜超过受照后 4 周。如果要对受照者进行药物、血液输注或骨髓治疗，应在治疗前取血培养。

③ 估算的剂量范围：由于电离辐射诱发的 PCC-R 发生率较低，PCC-R 分析方法准确估算剂量的范围一般为 4~20 Gy。对于低于 4 Gy 的照射，除非分析大量细胞，否则估算的剂量可能会产生较大误差。

④ 应分析细胞数：分析的细胞数应当尽量满足统计学要求。当受照人员较多时，首先分析 50 个 PCC 细胞对受照者进行初步分类，然后进一步分析 250 个、500 个或更多细胞以满足统计学要求，准确估算生物剂量。

⑤ 剂量-效应曲线的选择：选择与事故照射接近的射线类型和剂量率建立的剂量-效应刻度曲线进行剂量估算，不得外推。有条件的实验室应建立不同辐射类型和不同剂量率照射的剂量-效应刻度曲线，以备辐射事故应急时所需。

⑥ 95%置信区间剂量范围：在给出估算剂量均值的同时，还应根据分析得出的每细胞 PCC-R 数的标准误，计算出 95%置信区间剂量范围。

⑦ 泊松分布 u 检验：有报道显示，与 dic+r 指标类似，PCC-R 分析在用于估算剂量的同时还可依据其泊松分布 u 检验判定是否为均匀照射。当均匀照射时，每细胞 PCC-R 数符合泊松分布，即 $u<|1.96|$，方差与 PCC-R 均值之比（σ^2/y）接近 1.00；而不均匀或局部照射时，每细胞 PCC-R 数不符合泊松分布，$u>|1.96|$，σ^2/y 不接近 1.00，$\sigma^2/y<1.00$ 为欠离散分布，$\sigma^2/y>1.00$ 为过离散分布。

(3) 应用中的局限性：

① 非均匀照射：剂量-效应刻度曲线原则上只能应用于均匀性全身照射。然而，在实际事故中照射多数是不均匀的，甚至是以局部为主的照射。通过分析外周血淋巴细胞 PCC-R 指标进行生物剂量估算时，无论在时间还是空间上受到的照射剂量都是不均匀的，此时估算的剂量称为全身当量剂量。有时，估算的剂量可能不是很高，全身症状也不典型，但是受照的局部损伤可以很严重。

② 迁延性照射：由于 PCC-R 来自着丝粒或无着丝粒环，会随着照后时间延长而丢失，因此对于迁延性照射估算的剂量会偏低。

③ 延迟采样：有时受照后几个月甚至更长时间才发现放射损伤，此时非稳定性畸变大部分已丢失，所以 PCC-R 分析不适于延迟采样时的剂量估算。

4.5 其他生物剂量估算方法

4.5.1 核质桥估算剂量方法

4.5.1.1 概述

核质桥（nucleoplasmic bridge，NPB）是 CBMN 分析双核细胞中位于两个主核之间连续的桥状核质连接。其形成机制有两种：一是来自 dic，即 DNA 双链断裂发生后，双链断裂的两条姐妹染色单体的末端发生融合形成 dic，在细胞分裂后期，两个着丝粒彼此移向细胞的两极，形成细胞核之间的桥状连接，即 NPB；二是由于端粒缩短或缺少端粒结合蛋白所致的端粒末端融合，在这种情况下，不一定伴有无着丝粒断片。

4.5.1.2 主要生物学意义或应用领域

NPB 主要来自 dic 和 r 等结构重排的染色体损伤，在离体照射条件下外周血淋巴细胞中的 NPB 率与 dic 率的变化趋势一致，即与照射剂量呈正相关，显示明显的剂量-效应关系。显示 CBMN 试验中的 NPB 检测也是一个可靠的电离辐射生物指标，估算剂量的下限为 0.1 Gy。近年来，国内学者对不同剂量电离辐射诱发的核质桥开展了系列研究，构建了 ^{60}Co γ 射线离体照射人外周血基于核质桥指标的剂量-效应曲线，将该指标应用于第 6 章 6.2.1 所述的 ^{192}Ir 辐射事故患者的剂量估算，估算的剂量与用 dic 和 CBMN 指标估算的剂量基本一致。验证了 NPB 指标有作为急性照射辐射生物剂量计的可行性。最近，国内有学者研究发现，NPB 能反映出长期小剂量慢性照射对职业受照人群健康的影响。国外有研究显示，患有肺部疾病并受到临床 X 射线照射的儿童外周血淋巴细胞 NPB 率比受照前明显升高，提示即使很低剂量 X 射线照射也可能导致 DNA 损伤。以上说明 NPB 是较为敏感的辐射生物标志物，有作为急性照射和慢性低剂量照射生物标志物的潜力。

4.5.1.3 检测方法

标本制备与 CBMN 分析相同，记录的标准主要有三点：一是双核细胞中两个主核之间连续的桥状核质连接；二是桥的宽度不固定，但应窄于其主核直径的 1/4；三是桥的染色特性与其主核一致或比其主核略浅。

4.5.1.4 存在问题

NPB 分析技术起步于 21 世纪初，积累的急、慢性照射诱发该指标变化的资料有限，且未实现 NPB 指标分析的自动化，尚未在国内得到较好的推广应用。

4.5.2 单细胞凝胶电泳

4.5.2.1 概述

单细胞凝胶电泳又称彗星分析，是在单个细胞水平上定量分析各种因素导致的细胞 DNA 损伤水平的一种方法。通过计算尾长、尾矩和 Olive 尾矩等指标定量计算 DNA 的损伤程度。

4.5.2.2 主要生物学意义或应用领域

研究显示，离体照射的人外周血淋巴细胞彗星 DNA 的尾长、尾矩和 Olive 尾矩等指标与照射剂量间呈明显的剂量-效应关系，其中以 Olive 尾矩指标的量效关系为佳，可以作为辐射生物剂量指标用于急性照射时的生物剂量估算。估算剂量的范围是 0.1~5.0 Gy，估算剂量的时效范围是在照射后 0.5~72 h。

在慢性低剂量照射研究方面，有报道显示彗星 DNA 的尾长、尾矩指标可以较为准确地估算放射工作人员的累积受照剂量。此外，放射工作人员的工种和工龄对彗星 DNA 也有明显影响。以上说明彗星 DNA 指标是较为敏感的辐射生物标志物，可用于急、慢性照射生物效应的评估。

4.5.2.3 检测方法

单细胞凝胶电泳检测方法分为碱性单细胞凝胶电泳和中性单细胞凝胶

电泳。前者由于在碱性较高的条件下 DNA 超螺旋和双螺旋结构会被破坏，检出的主要是单链 DNA 断裂；后者由于在中性条件下只有 DNA 超螺旋结构被破坏，而双螺旋结构不被破坏，检出的主要是双链 DNA 断裂。方法简述为：分离外周血淋巴细胞，在中性或碱性条件下裂解细胞后进行琼脂糖凝胶电泳，用溴化乙锭染色，在荧光显微镜下观察彗星图像并拍摄照片，用彗星图像专用分析软件计数尾长、尾矩和 Olive 尾矩等指标。

4.5.2.4 存在问题

该项指标虽然技术已很成熟，对电离辐射的灵敏度也很高，但由于检测过程较为繁杂、需要荧光显微镜等特殊条件，所以迄今为止，该指标未在国内职业病防治机构得到很好的推广应用。

4.5.3 γ-H2AX 焦点分析

4.5.3.1 概述

生物体接受电离辐射发生 DNA 断裂时，磷脂酰肌醇 3-激酶家族成员共济失调毛细血管扩张突变基因 ATM 蛋白可激活 DNA 修复机制，在双链断裂处直接启动组蛋白 H2AX，使组蛋白 H2AX 迅速发生磷酸化形成 γ-H2AX，在荧光显微镜下显示为聚焦点，即为 γ-H2AX 焦点。γ-H2AX 焦点是目前学界公认的 DNA 双链断裂的分子标志物。

4.5.3.2 主要生物学意义或应用领域

关于 γ-H2AX 焦点分析作为放射损伤标志物的研究较为系统，已经利用小型猪、猕猴等动物模型证实体内外照射的一致性，还对人外周血淋巴细胞和动物模型进行了时间-效应和剂量-效应的系列研究。而且 γ-H2AX 焦点水平不受年龄、性别和吸烟等因素的影响，可以作为敏感性辐射生物剂量指标，用于急性照射时的生物剂量估算。估算剂量的范围是 0.01～10.0 Gy，估算剂量的时效范围是在照射后 0.5～48 h，也有报道显示照射后 3 d 该法也能较好估算剂量。欧洲的辐射生物剂量实验室网络已经将 γ-

H2AX 焦点分析作为基本生物剂量估算方法，在网络成员之间进行推广和比对分析。以上显示该新的生物剂量指标具有较好的推广应用潜力。

4.5.3.3 检测方法

γ-H2AX 焦点检测早期需要在荧光显微镜下进行分析计数，检测通量较低，操作程序烦琐且耗时长。近年来，国内学者王治东等利用流式细胞技术建立了一种人外周血淋巴细胞 γ-H2AX 含量的检测方法，通过分析淋巴细胞与粒细胞中 γ-H2AX 含量的比值，解决直接分析淋巴细胞 γ-H2AX 方法稳定性差的问题，检测通量明显高于 γ-H2AX 焦点的镜下分析方法。同期，国外学者 Moquet 等建立了一种 96 孔板快速检测外周血淋巴细胞 γ-H2AX 的方法，这种方法的分析时间大约为 4 h，明显少于常规方法，而且用血量仅为 100 μL。

4.5.3.4 存在问题

γ-H2AX 焦点是 DNA 双链断裂修复时产生的分子标志物，所以不能作为慢性和早先照射的生物标志物。此外，由于检测该指标需要价格较为昂贵的荧光显微镜或流式细胞仪，所以该项技术在国内尚未得到较为广泛的推广应用。

4.6 核应急状态下生物剂量估算策略及进展

4.6.1 大规模核与辐射事故的情景

大规模伤亡事件是指有大量的人员伤亡，其数量和规模超出当地应急人员应对能力的事件。当这种类型的事件与辐射有关时，可能会使庞大的人群受到从本底水平到足以导致医疗后果的一系列辐射剂量照射。这些受照者需要马上接受暴露水平的评估，以确定是否需要医疗干预。

辐射事件可能是由事故或恶意行为造成的，如果发生这两种情况，可能会造成公众伤亡。常见的身体损害等混杂因素也可能存在，处理威胁生命的伤害优先于剂量估算和其他活动。

规划和准备对于有效应对大规模伤亡事件至关重要。在辐射应急情况下，一般公认的指导方针包括：a. 建立并培训配备关键设备和用品的地方和国家层面的应急队；b. 运用适当可行的知识、诊断方法来评估辐射损伤和剂量；c. 访问可追溯的参考实验室（access to reach-back reference laboratory），包括利用细胞遗传生物剂量计估算剂量的专业实验室。生物剂量学"可操作概念"中的一个重要组成部分是优先选择可用于快速细胞遗传学分类-剂量评估的样品，在此过程需要医疗应急人员与细胞遗传生物剂量学实验室工作人员之间进行动态交流。

4.6.2 潜在的辐射暴露事件

4.6.2.1 恶意辐射暴露事件

目前确定的可能会发生恶意辐射暴露事件的情形主要有以下 3 种。

（1）放射性照射设备（radiological exposure devices，RED）：装有密封性放射源，即使散布在环境中也不会产生放射性物质污染的威胁。接近这些放射源的人可能会受到局部大剂量照射，但预计暴露到这类场景的人数会很少。

（2）放射性扩散设备（radiological dispersal devices，RDD）：使用爆炸物或机械装置散布放射性物质，造成放射性污染。发生此种情况受到影响的区域相对较小，辐射暴露可能通过外照射和内污染两种形式产生影响，但预期暴露剂量会低于医学干预水平。

（3）简易核设备（improvised nuclear devices，IND）：由有可能引起核爆炸的核材料组合而成，可能导致引起大规模人员伤亡以及高剂量照射的辐射损伤和烧伤的灾难性后果。

4.6.2.2 事故照射事件

事故照射可能由多种情况引起,包括但不限于以下情况。

(1) 冷却剂缺失期间因核燃料元件受到损坏而造成的反应堆突发事件。这种突发事件可能对事故地点附近的工作人员和居民造成高剂量辐射,并导致周围地区民众的低剂量污染,如切尔诺贝利核事故。

(2) 当足够数量的特殊核材料未受控制发生裂变时,可能发生的临界事故。这会导致近距离接触人员的高水平暴露,如日本东海村临界事故。

(3) 因放射源丢失、被盗而造成的辐射事故。根据放射源的活度、暴露时间和放射源分布,可能会发生多种暴露情形。这类事故可能导致人员以外照射或内污染的形式受到全身或局部高剂量照射,如巴西的戈亚尼亚辐射事故。

(4) 误入处于工作状态的放射源室发生的事故。这类事故大多是因辐照室门的安全防护门联锁装置失灵或工作人员违规操作而引起的造成多人伤亡的事故。

4.6.3 历史经验

国际上用细胞遗传学生物剂量测定法评估涉及人员伤亡的意外照射事故举例见表 4.6.1,国内辐射事故举例详见第 6 章。

表 4.6.1 细胞遗传学生物剂量计在涉及人员伤亡的意外照射事故中的应用举例

事故时间	事故地点	受照人数	细胞遗传学检测例数			
			dic	PCC	FISH	CBMN
1986 年	乌克兰,切尔诺贝利	>100 000	436			
			1 755			
					97	
						140*

续表

事故时间	事故地点	受照人数	细胞遗传学检测例数			
			dic	PCC	FISH	CBMN
1987 年	巴西，戈亚尼亚		250	129		
1995 年	土耳其，伊斯坦布尔	21	21	10		
					5	10
1996—1997 年	格鲁吉亚，第比利斯	11	11			
					4	
1998 年	格鲁吉亚	多人	85			
1999 年	日本，东海村	43	43			
				3		
2000 年	泰国，曼谷	多人	28	28		
2005 年	智利，康塞普	233	45		1	
2006 年	塞内加尔，达喀尔	63	33			

注：*回顾性。

这些突发事故可能具有不同的特征。例如，即刻就能发现的事故，在短时间内会出现许多确定的伤亡（如切尔诺贝利事故）；或者某些事故因暴露的个体被延迟发现而不能在受照后立刻作出评估（如巴西戈亚尼亚事故）。一个事故可能只涉及少数几个受照者，但由于面对极大的公众压力，还要将生物剂量测定延伸到周围社区居民，即使没有物证证明这种测定是合理的（如日本东海村事故）。在这种情况下，通过对事故发生地点附近可能涉及人员的调查，日本国立放射科学研究所（National Institute of Radiological Sciences，NIRS）细胞遗传生物剂量学实验室对 265 例有关此次事故的人员进行了生物剂量估算，估算结果显示这些人未受到超剂量照射。而对于在铀加工厂工作的 43 名工作人员，基于对 ^{24}Na 全身计数的测量结果证实他们仅受到轻微暴露，同时 NIRS 也通过染色体畸变分析估算了剂量。

历史上，以双着丝粒染色体分析为指标的细胞遗传学生物剂量计，常与常规白细胞计数一起，用于涉及多名伤员事故照射后的初始剂量估算，其他细胞遗传学检测方法（FISH、PCC-R 和 CBMN）也被用于剂量估算，但往往都是在事故发生后数月至数年内进行的。

4.6.4 生物剂量计的作用

4.6.4.1 辐射暴露的评估方法

在发生大规模伤害性辐射事件后，医生主要关心的是保护生命并评估受害者的医学体征和症状，以便及早作出医学处理决定。有几项获得国际专家共识的辐射暴露评价方法适用于早期急性照射。在发生大规模伤亡的辐射突发应急事件时，应当根据辐射时的具体场景和可用资源，采取适当的辐射剂量评估方法。

4.6.4.2 生物剂量计可操作概念

在国际原子能机构报告中详细给出了发生大规模伤亡辐射事故时为应急人员准备的"可操作概念（concept of operations）"通用指导原则。然而，在发生大规模伤亡的辐射突发应急事件中，如没有专家团队的参与，实施多参数生物剂量评估可能会受到很多混淆因素的影响。美国辐射应急救援中心（REAC/TS）和武装部队放射生物学研究所（AFRRI）事故处理对策构成以及用于多参数生物剂量计的可操作概念，见图 4.6.1。

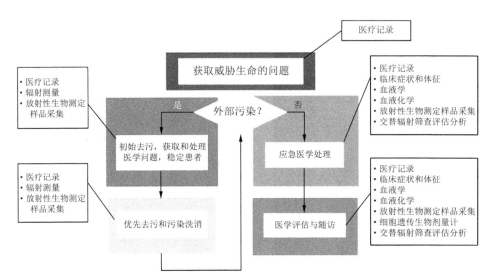

图 4.6.1　REAC/TS 和 AFRRI 提出的"放射患者处理法则（Radiation Patient Treatment algorithm）"的具体步骤（生物剂量计可操作概念，2011 年 IAEA 技术报告）

目前，辐射暴露评估方法和不断涌现的新技术可为辐射损伤和剂量评估响应提供很大的发展潜能，还需要建立和发展新的有分类诊断价值的可行的生物剂量估算方法，以应对发生大规模伤亡辐射事故时的医学应急需要。最初的辐射筛查检测必须快速（每分钟或更短的时间 1 次），可使用手持设备，在理想情况下可以自己进行检测。第二、三次的辐射检测可能需要更多的专业知识和更长的时间（>1 d），但检测到的辐射特异性和准确性会更高。

一旦鉴别出患者可能受到照射，就要对其进行生物剂量评估以判定是否受到照射，如受到照射要确定其受照剂量水平。在辐射突发应急早期响应阶段，细胞遗传学分类的主要目标是快速估算每位患者的剂量，为早期临床诊断提供参考。虽然首次估算的剂量可能不是非常准确，但其目的是快速地将患者从 4 个不同的剂量区间中分出属于哪一个剂量范围（1~2 Gy，2~4 Gy，4~6 Gy 和 >6 Gy），为医疗机构救治患者提供及时的生物剂量信息。在此阶段，可能会出现由于其他原因引起呕吐症状的假阳性病例，对此要加以甄别。局部照射也可在这一阶段被鉴别出来。

以应急为目的快速分诊的估算剂量完成以后，要对那些已鉴别出受到一定剂量照射的患者进行进一步分析，以提供更准确的估算剂量。

突发事件过后，对于那些已确诊受到照射的患者，要用更准确的方法估算剂量，同时对受照人员进行医学随访，随访对象还应包括受照剂量很低或没有受照剂量的受检者，并给予他们心理疏导。此外，还要使用FISH等技术开展后续的流行病学研究。

4.6.4.3 生物剂量学实验室与医疗界的沟通

生物剂量学实验室与医疗机构或医生之间的沟通交流是至关重要的，在此过程中应充分考虑到医疗保密问题。来自医疗界的任何信息都是非常有用的，有助于放射生物剂量专家对样本进行排序，而生物剂量学实验室及时将剂量估算的信息反馈至医疗机构也同等重要，这有助于医生决定采用何种方案对患者实施治疗。持续沟通还需要强调在事件响应期间样本追踪的重要性，建立一套独特、完善和文件化的样本编码系统是不可或缺的，其可实现从样本收集、处理、分析到将剂量估算报告反馈给医疗机构全过程的样本追踪。细胞遗传学实验室只对盲样进行检测分析，而医疗专业人员则了解患者的姓名等信息。

4.6.5 大规模核与辐射事故的应对策略

4.6.5.1 以应急为目的分类评估需计数的细胞数

作为生物剂量计的几种遗传学检测方法已广泛应用于对受照人员的快速分类评估。现有研究表明，在双着丝粒染色体试验（dicentric chromosome assay，DCA）中分析计数50个细胞或计数30个dic估算的剂量可以满足早期分类诊断的需要，而且估算剂量的误差在1 Gy内。与分析500或1 000个细胞计数dic准确估算剂量相比，这种分类方法可将工作效率提高20倍。为了进一步提高分类评估速度，Flegal 等人引入了快速扫描（QuickScan）方法，该方法仅对每个细胞中的染色体损伤计数而不要求分析46个着丝粒完整的细胞，这种评估方法可将显微镜下的分析时间缩短至1/6。近年来，随着科技的发展和技术的进步，目前已实现基于 dic 自动分析快速、高通量的生物剂量估算（在4.2中有详细讨论）。

对于大规模人员伤亡辐射事故，PCC-R 分析对高剂量暴露是非常有用的工具。研究表明，分析 300 个 PCC 细胞或计数 50 个 PCC-R 可用于 6 Gy 以上照射、以分类为目的的剂量估算，但该方法在对低照射剂量估算时有其局限性。

CBMN 分析也可以应用于分类评估。作为标准的生物剂量计指标，CBMN 方法建议分析计数 1 000 个双核细胞。但有研究显示，当受照剂量大于 1 Gy 时，分析计数 200 个双核细胞估算的剂量便可以较为准确地对受照人员作出分类诊断，而且计数分析 200 个双核细胞大约需要 15 min，人工分析 50 个染色体核型约需 1 h，显然比 dic 检测要快得多。与 dic 检测方法相比，CBMN 方法的另一个优点是方法简单，技术人员在快速培训后就能掌握，因此在应对大规模伤亡事故时该法对受照人员的分类可能更有价值。

4.6.5.2 细胞遗传学指标的自动化检测快速估算剂量

关于细胞遗传检测的自动化在 4.2.4 中已有详细讨论。显然，在发生大规模伤亡事故时，自动化检测能明显提高剂量估算的通量，并释放人力去执行所需的其他任务。目前，该法已实现血液样品的处理、中期相的寻找与捕获、dic 或微核计数等全流程的自动化。

4.6.5.3 基于实验室间网络的快速生物剂量估算

许多国家都已建立了专家参比咨询的细胞遗传生物剂量实验室。这些实验室中有些已经建立了国家层面和区域的网络来提高其工作效率。其他实验室也根据各自国家的资源和能力，着眼于建立区域网络。在生物剂量学方面,提供国际合作的联合国机构(如 IAEA 和 WHO)也建立了生物剂量估算网络(表 4.6.2)。

表 4.6.2 已建立的生物剂量估算网络

分类	区域	名称	组织者	参加者 (数目或名称)	使用的 实验方法[①]
国际网络	全球	响应与支持网络 (RANET)	IAEA	经常会有变化	DCA, FISH, PCC-R, CBMN
	全球	生物剂量网络 (BioDoseNet)	WHO	63	DCA, FISH, PCC-R, CBMN
	欧洲	三方 (Tri-Partite)	取决于事故 发生地点	英国、法国和 德国共同领导[②]	DCA, FISH, PCC-R, CBMN
	拉丁美洲	拉丁美洲生物剂量网络	阿根廷核管理局和古巴辐射防护与卫生中心[③]	阿根廷(2)、 巴西、智利、 古巴、墨西哥、 秘鲁和乌拉圭	DCA, FISH, CBMN
国家网络	加拿大	细胞遗传 应急网络	加拿大卫生部	4 个参比实验室, 18 个卫星实验室	DCA, FISH, CBMN
	法国	生物剂量网络	辐射防护与 核安全研究院 (IRSN)	2 家实验室来自 CEA, 1 家来自 MNHN[④]	DCA, FISH, PCC-R
	日本	染色体网络	国立放射科学 研究所(NIRS)	7	DCA, PCC-R, FISH
	韩国	生物剂量网络	朝鲜放射与医学科学研究所	6	DCA, FISH, PCC-R, CBMN

注:[①] 所有参加者都用了 DCA 技术;网络中的合作伙伴有一些实验室使用了 PCC-R、FISH 和 CBMN 技术。
[②] 共同领导。
[③] 参加的国家每两年轮流组织。
[④] CEA 为法国原子能委员会,MNHN 为法国国家自然历史博物馆。

仅有少数国家(有超过 1 家细胞遗传学实验室)的实验室把生物剂量测定作为工作的主要任务。尽管如此,在其他研究机构,特别是在医院的临床遗传学部门,可能有很多细胞遗传学方面的专业资源可加以利用。包括培训在内的国家间网络（如法国、韩国、日本、加拿大）已建立起来，从而可以在专家参比咨询生物剂量学实验室的领导下迅速调动这方面的专业资源。无论是国内还是国际网络，都需要物流、数据管理和通信等基础设施间的协调配合。这些网络也为演练和相互比对学习提供了一个很好的平台，以确保各个实验室和细胞遗传生物剂量网络的高效率运行。最近，欧盟学者建立了基于网络分析计数 dic 的剂量估算方法，可实现通过网络实验室快速完成剂量估算以应对发生大规模核辐射事故时的生物剂量估算需求。因此，在发生有大规模伤亡的辐射事故时，细胞遗传学网络的应用能明显增强基于细胞遗传分析估算剂量对伤员分类诊断的能力。

4.6.6 细胞遗传指标生物剂量估算的研究进展

4.6.6.1 dic 生物剂量估算进展

1. dic 全自动分析

近年来，美国哥伦比亚大学学者 Royba 等在第一代基于 dic 分析的快速自动生物剂量估算平台（Rapid Automated Biodosimetry Tool Ⅰ，RABiT-Ⅰ）的基础上，开发出了基于全自动 dic 分析第二代高通量 RABiT-Ⅱ 机器人系统。该系统从样品的上样、微量全血培养、染色体标本制备到 dic 自动分析和数据导出等均不需要人工干预，实现了全流程自动化。利用该系统估算的剂量与真实照射剂量的相对偏差除 1 Gy（63%）照射剂量点的较大外，其他照射剂量点（3 Gy、5 Gy 和 8 Gy）的相对偏差均在 15% 以内，估算的剂量能较明确地区分出轻、中、重和极重度骨髓型急性放射病。与传统 dic 分析估算剂量相比，估算剂量效率可提高数十倍，且一次可完成至少 96 例样品的检测，每例仅需要血液样品 30 μL，可实现高通量的剂量估算。因此，RABiT-Ⅱ 系统可应对大规模核与辐射事故发生时对受照人员进行快速和高通量的基于风险评估的分层和临床分类诊断，与传统生物剂量估算方法相比具有明显的优势和实用价值。此外，北美地区学者利用近年来发展起来的新技术——成像流式细胞术（imaging flow cytometry，IFC）建立了快速高通量生物剂量估算的平台。IFC 是一项能快速、自动化分析荧光标记 dic 染色体的新技术，由于不需要制备染色体标本、扫描和人工辅佐计数分析，因此 IFC 分析 dic 所使用时间要比常规 dic 分析短得多。因此，该技术有在大规模核与辐射事故发生时快速、高通量地估算生物剂量的潜力和推广应用价值。

2. 基于 AI 自动检测 dic 估算剂量

韩国学者利用深度学习检测 dic，建立了自动估算生物剂量的方法。首先利用深度学习筛选掉不适合分析的核型，筛选出的可供分析的核型正确率达到 99%；其次基于特征金字塔（FPN）通过深度学习自动检测出 dic，准确率可达到 97% 以上；最后构建剂量-效应曲线并进行验证，结果显示，在 1~4 Gy 范围内，估算的剂量均在 99% 置信区间内。这说明该方法不需要人工干预，即可准确估算生物剂量。

4.6.6.2 CBMN 估算生物剂量进展

1. CBMN 全自动分析

近期，美国哥伦比亚大学学者 Repin 等在基于 CBMN 分析第一代 RABiT-Ⅰ 的基础上，开发出了基于全自动 CBMN 分析的第二代高通量 RABiT-Ⅱ 机器人系统。该系统使用已市售的细胞计数和成像机器人系统（PerkinElmer cell：explorer Workstation and a GE Healthcare IN Cell Analyzer 2000 Imager），一次可完成至少 96 例样品的检测，每例仅需要血液样品 30 μL，细胞培养时间从 72 h 缩短为 54 h，整个检测流程不需要人工干预且可在 3 天内全自动完成，明显缩短了 CBMN 分析剂量估算所需时间。在 16 个验证样品中，基于该系统估算的剂量在照射剂量 1~2 Gy 时 97% 样品的相对偏差在 20%，3~4 Gy 时相对偏差均在 20% 以内；但当照射剂量为 5 Gy 时，有 3 个样品估算的剂量偏低。以上显示基于 CBMN 分析的新一代 RABiT-Ⅱ 系统亦可在大规模核与辐射事故发生时对受照人员进行快速和高通量的临床分类诊断。最近，该研究团队在细胞培养后通过免去离心流程对 RABiT-Ⅱ 系统进行了优化，进一步提升了该系统剂量估算的效率。此外，该团队与加拿大学者合作将 IFC 与 RABiT-Ⅱ 系统整合，构建了基于 CBMN 分析的快速、高通量和全自动的生物剂量估算平台，依靠该平台估算的剂量亦有在大规模核与辐射事件发生时进行临床分类的潜力。

2. 基于 AI 技术自动检测 CBMN

国内学者利用人工智能自动检测双核细胞中的微核，明显提高了微核检测效率。首先从图像背景中抽提出细胞，进一步分离出单个细胞；然后利用训练的卷积神经网络（CNN）模型检测和分类单个细胞；最后从双核细胞中计数微核数。结果显示，软件自动检出的双核细胞率可达到人工分析的 99.4%（14.7% 假阳性），检出的微核率为人工分析的 115.1%（26.2% 假阳性）。每图片分析时间仅 0.3 s，与人工分析相比明显提高了检测效率。

第 5 章　电子顺磁共振剂量估算

5.1　概述

在核能发电、医疗等众多领域，电离辐射的应用正日益普及。然而，放射性物质的不当释放或放射源的不恰当处理，可能导致人员受到过度照射，这种情况并非罕见。历史上的三哩岛、切尔诺贝利和福岛等重大辐射事故，已经导致成千上万的人遭受电离辐射的危害。在这些事故中，由于缺乏剂量计监测，对受照个体或关键群体的剂量评估变得尤为复杂。在这种背景下，回顾性剂量评估对于辐射风险分析、剂量估算、伤员分类、医疗救治的有效实施，以及辐射流行病学研究而言，显得尤为关键。

自 1944 年 Zavoisky 发明电子顺磁共振（electron paramagnetic resonance，EPR）技术以来，该技术在辐射剂量评估领域得到了广泛应用。电子顺磁共振，亦称为电子自旋共振（electron spin resonance，ESR），是一种重要的回顾性生物物理剂量测定方法，尤其适用于个人剂量信息不完整或未知的情况。EPR 技术是一种直接、特异性强且高度灵敏的自由基检测方法，它能够将电离辐射的生物效应与所接受的剂量联系起来。电离辐射能在特定物质中产生自由基,尤其是当受照物质为牙齿、骨骼等含水较少的物质时,这些自由基相对稳定,并且其数量与所接受的辐射剂量成正比。得益于这些自由基的稳定性,EPR 技术甚至能够在事故发生多年后,依然提供有关电离辐射暴露的详细信息。

目前,EPR 剂量估算方法已经获得了国际社会的广泛认可。国际辐射单位和测量委员会(ICRU,2002 年)、国际原子能机构(IAEA,2002 年)、中国原卫生部(2006 年)以及国际标准化组织(ISO,2020 年)都分别颁布了牙釉质 EPR 剂量重建方法的标准。此外,该方法在多种辐射事故中成功地提供了受照人员的受照信息,这些受照人员包括广岛和长崎原子弹爆炸的幸存者、南乌拉尔地区的核工业工作人员,以及居住在切尔诺贝利核反应堆周边的居民等。

5.2 EPR 剂量估算的理论

5.2.1 EPR 的基本原理

磁性是电子、质子和中子等微观粒子和轨道所具有的内禀属性。顺磁性物质的基态特征在于其至少含有一个未配对电子,例如,气体分子(O_2、NO、NO_2)、碱金属原子、过渡金属原子和离子、稀土原子和离子、自由基等。EPR 则是一种研究含有未配对电子顺磁性物质的电磁波谱技术。在这项技术中,物质内部分子、原子核或电子等与电磁波(光或无线电波)相互作用,吸收外加电磁波的能量,从低能级跃迁到较高能级(也可以从较高能级发生受激辐射而跃迁到低能级),通过测量吸收(或辐射)电磁波的频率和强度,对其所反映的物理量和现象进行解析,进而实现对物质的定性和定量分析。EPR 波谱学是唯一能直接跟踪未配对电子的研究方法,提供着原位和无损的电子、轨道和原子核等微观尺度的信息。

这个过程主要涉及塞曼效应和超精细相互作用等相关内容。

5.2.1.1 塞曼效应

众所周知，分子是由原子构成的，而原子本身又是由原子核和核外电子组成的复杂系统。电子在原子内部做两个基本运动：一是围绕原子核的轨道运动，二是电子自身的自旋运动。由于电子具有质量和电荷，其轨道运动产生了轨道角动量和相应的轨道磁矩，而自旋运动则产生了自旋角动量和自旋磁矩。在大多数情况下，轨道磁矩的贡献相对较小，因此分子的磁矩主要由自旋磁矩贡献。

我们可以将电子的轨道运动想象为一个带负电荷的"地球"（电子）绕着"太阳"（原子核）的公转，而自旋运动则类似于这个"地球"的自转。自旋运动产生一个与旋转方向相反的循环电流，这个电流在电子周围形成了一个磁场，从而使得自旋的电子可以被视为一个具有南极（S极）和北极（N极）的小磁铁。在分子轨道中，每个轨道最多可以容纳两个自旋方向相反的电子。当所有分子轨道都被电子成对填充时，电子的自旋磁矩在原子和分子中相互抵消，形成磁中性状态，即不表现出顺磁性。

大多数物质由于电子自旋的配对中和作用，不具有净磁矩。然而，电离辐射能够破坏这种配对，导致原子或分子中的电子解离。解离的电子可能会被捕获到其他原子上，形成电子过剩的原子（该过程称为"电子俘获"）和缺少电子的原子（称为"陷阱中心"）。这些未配对的电子因其自旋而具有净磁矩，并且它们的自旋倾向于与外部磁场方向平行，从而产生磁化效应。

顺磁性物质可以被视作无数小磁铁的集合体。在没有外部磁场的情况下，这些小磁铁的自旋磁矩方向是随机且无序的，其能态也相应地被平均化（图5.2.1a）。当施加外部磁场 H 时，这些小磁铁会趋向于有序排列，存在两种可能的排列方式：一种是与外部磁场方向正平行，这种方式对应的能量较低；另一种是与外部磁场方向反平行，对应的能量较高

(图 5.2.1b 和图 5.2.2)。

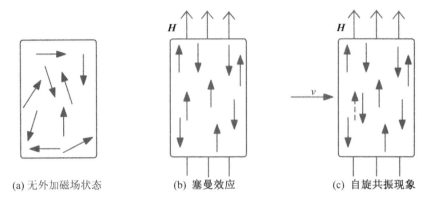

图 5.2.1　电子自旋运动的三种情况

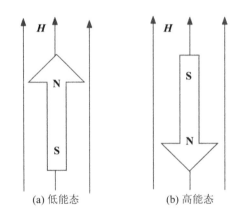

图 5.2.2　外磁场 H 下的低能态和高能态

在外部磁场 H 下，电子自旋能级由一分裂成二，即出现"塞曼效应/分裂"（Zeeman effect or splitting，图 5.2.3）。塞曼能量为：

$$E = g\beta HM \tag{5.2.1}$$

其中，H 以特斯拉 T（$1\,T = 10^4\,G$）或 mT（$1\,mT = 10\,G$）为单位。自旋量子数 $S = 1/2$ 的电子能级分裂为磁量子数 $M = 1/2$（反平行态）和 $M =$

−1/2（平行态）。β 是玻尔磁子，它是电子磁矩的自然单位。g 是 g 因子，对于大多数样品而言，大约等于 2，但根据自由基或离子的电子构型而变化。

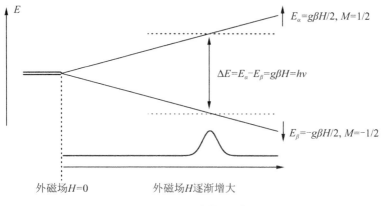

图 5.2.3　塞曼分裂

在垂直于外磁场 H 的方向上施加一频率为 ν 的微波，当能级差等于电磁波的量子能量 $h\nu$ 时，即

$$\Delta E = E_\alpha - E_\beta = g\beta H = h\nu \quad (5.2.2)$$

h 是普朗克常数，ν 是电磁波频率。这个过程称为自旋共振现象（图 5.2.1c）。

5.2.1.2　超精细相互作用

在顺磁性物质的研究中，特定结构的顺磁中心具有一个固定的内禀参数——g 因子。这一参数是恒定的，与微波频率无关，并且可作为顺磁性物质的独特"身份证"。g 因子的测量为我们提供了关于物质的有价值信息，但它本身并不揭示物质的分子结构细节。

未配对电子对其局部环境极为敏感。在实际的共振吸收体系中，未配对电子不仅受到外部磁场的作用，还受到磁性核自旋的影响，从而产生超精细结构。这种自旋电子与顺磁性核之间的相互作用被称为超精细相互作用。根据共振条件，每个顺磁分子理论上只产生一条谱线，但当存在超精细相互作用时，这条谱线将由多条分裂的谱线组成。这种分裂的谱图可以为我们提供丰富的信息，包括分子或复合物中原子的特性和数量，以及它们与未配对电子间的距离等。

图 5.2.4 阐释了超精细相互作用的基本原理。原子核的磁矩可类比为一个棒状磁铁，尽管其磁场强度不及电子，但能在电子处产生一个附加的磁场 H_1。这个附加磁场 H_1 会根据原子核与外部磁场的相对取向，减弱或增强电子的外部磁场。当 H_1 与外部磁场同向时，实验室磁体需要提供的磁场强度会减少，因此共振场会因 H_1 的加入而降低（图 5.2.4a）；相反，当 H_1 与外部磁场反向时，所需的实验室磁场强度会增加（图 5.2.4b）。

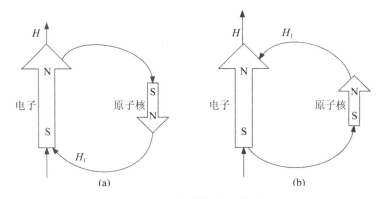

图 5.2.4　超精细相互作用

对于 N 个自旋的 1/2 核，我们通常会观察到 2^N 个 EPR 信号。随着核的数量变多，信号的数量呈指数增长。有时候有太多的信号会重叠，我们只能观察到一个宽广的信号。

5.2.1.3 谱形及信号强度

EPR 吸收谱的形态通常被归类为三种基本类型：洛伦兹型、高斯型和戴森型。洛伦兹型和高斯型谱线主要由局域或束缚的未配对电子产生，而戴森型谱线则与自由移动的导电电子相关。

EPR 信号的位置受塞曼效应和超精细相互作用的影响而发生移动，信号强度反映顺磁性物质的浓度。EPR 谱线以一阶微分形式呈现，其积分谱的面积表示信号强度的大小，与未配对电子的浓度成正比。通过细致分析 EPR 谱线的位置和强度，我们可以推断出样品中未配对电子的种类和数量，从而为研究对象的电子结构和化学性质提供有益的信息。

值得注意的是，EPR 信号强度不仅受未配对电子浓度的影响，还受到微波功率的调控。EPR 信号强度与微波功率的关系下文会详细介绍。

5.2.2 EPR 波谱仪介绍

EPR 测量依赖于三个核心组件：一个用于产生静态磁场以诱导塞曼分裂的磁体，一个微波源以激发塞曼能级之间的跃迁，以及一套用于测量微波功率吸收的系统。EPR 波谱仪的基本组成部分包括产生静态磁场的电磁体、微波源（通常称为微波桥）、谐振腔以及探测器。鉴于待测信号通常非常微弱，因此还需要配备相敏检测器、低通滤波器和放大器以提高检测灵敏度。尽管 EPR 波谱仪的设计可能相当复杂，但其基本原理可以简化为图 5.2.5 所示的模型。在该模型中，谐振腔位于电磁铁的间隙中，样品置于谐振腔内，通过调节磁场强度直至达到共振条件。此时，样品吸收微波能量，导致从谐振腔反射的微波功率发生变化，进而打破微波桥路的平衡状态。这种共振跃迁的吸收（或释放）信号可通过检波器检测，并经放大器放大后在示波器或记录仪上显示。

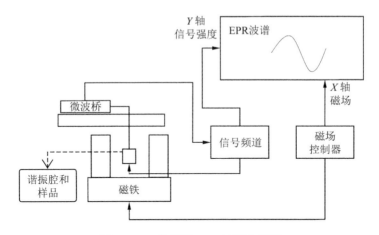

图 5.2.5　典型的 EPR 波谱仪模型

技术上，实现共振现象有两种主要方法：一是固定微波频率 ν，改变磁场强度 H 以满足量子能量差 $\Delta E = g\beta H = h\nu$，这种方法称为扫场法；二是固定磁场强度 H，改变频率 ν 以满足上述能量差，称为扫频法。扫频法需要对很宽的频率范围进行扫描，这在技术上面临许多挑战。因此，大多数 EPR 波谱仪采用的是扫场法。

EPR 波谱仪根据微波频率的不同，可分为 L、S、X、Q 四个波段，如表 5.2.1 所示。X 波段因其在灵敏度、样品量和对水的敏感性之间取得的良好平衡而在市场上最为常见。L 波段主要用于在体剂量测定，因生物组织中水分而产生的介电损耗相对较低。Q 波段与 X 波段一样，在离体剂量测定中展现出潜力。但 Q 波段的一个显著优势是它允许使用更少的样品量，并且与低频相比，能更清晰地区分光谱成分。然而，由于使用更复杂且信噪比较低，Q 波段 EPR 波谱仪并不普遍。

表 5.2.1　各波段 EPR 波谱仪

波段	微波频率 ν/GHz	中心磁场（$g=2$）/G
L	1.1	392
S	3	1 070
X	9.75	3 480
Q	34	12 000

此外，根据测量方式的不同，EPR 波谱仪又可分为在体测量和离体测量两种类型。离体测量设备包括大型设备（图 5.2.6a）和台式设备（图 5.2.6b）。大型 EPR 波谱仪通常体积庞大，限于实验室使用，而台式 EPR 波谱仪则轻便，可携带至现场使用。需要注意的是，与大型设备相比，台式 EPR 波谱仪的灵敏度较低，大约相差 5 倍，这是在便携性与测量效果之间作出的权衡。

(a) 大型设备　　　　　　　　(b) 台式设备

图 5.2.6　常见 EPR 波谱仪

在全球范围内，电子顺磁共振波谱仪生产商主要有德国 Bruker、德国 Magnettech（被 Bruker 收购）、英国 Oxford Instruments、美国 Active Spectrum（被 Bruker 收购）、美国 ADANI、日本 JEOL、中国国仪量子等。

从国内市场占有情况来看，Bruker 的 EPR 波谱仪占有率较高，而国仪量子则是新兴的竞争者。

5.2.3 EPR 波谱仪操作参数及注意事项

一条清晰的特征 EPR 谱是 EPR 波谱仪各参数经过精心优化的综合体现。值得注意的是，EPR 波谱仪的测量参数并非固定不变，而是需要根据实验条件进行适当调整。因此，使用 EPR 波谱仪的操作人员必须全面理解操作界面上各个参数对最终谱图的具体影响。以下是 X 波段 EPR 波谱仪中几个关键参数的简要介绍及其操作注意事项，旨在为相关科研人员提供实用的参考信息。

5.2.3.1 微波功率

EPR 信号强度与微波功率（power）的平方根成正比。但有时微波功率达到某一值时，EPR 信号强度开始出现饱和现象。不同自由基会产生不同的饱和现象。微波功率的正确选择很重要，太小得不到足够大的信号，过大又会出现信号的饱和，使谱线发生畸变，甚至看不到信号。通过微波功率饱和现象，可以分辨相互叠加的两种或两种以上的信号。因此，微波功率的应用值通常高于"无用信号"（如牙釉质的本底信号）的饱和功率值、低于"有用信号"（如辐射诱导信号）的饱和功率值，以尽量减少无用信号的贡献。

5.2.3.2 磁场扫描宽度

磁场扫描宽度（sweep width）应以中心磁场为中心，覆盖整个样品的 EPR 波谱。在检测未知物质时，开始要用比较宽的扫描范围，防止漏掉信号。一旦发现"有用信号"之后，锁定该信号，将扫描范围缩小，尽可能窄，减少空白区域或者不需要的区域，使所得 EPR 信号保持在适当位置。如以信号为中心、左右两侧的空白噪声范围占全谱宽度的 1/4 或更少。

5.2.3.3 磁场调制幅度

磁场调制幅度（modulation amplitude）越小，信噪比越差，分辨率越高，但 EPR 信号的幅值越小。当磁场调制幅度和线宽比很小时，得到的 EPR 波谱不发生畸变，且 EPR 信号强度正比于调制幅度；当调制幅度等于 EPR 信号峰-峰线宽时，记录的 EPR 信号最大；如果调制幅度再继续增大，得到的信号强度就开始减小，而且线宽增宽，波谱出现畸变。一般，磁场调制幅度要设置成小于 EPR 谱峰中最细的一条峰的峰值（单位 Gauss），取调制幅度为峰-峰线宽的 1/3~1/5 较为合适。每个样品的 EPR 谱线形状都是有差别的，通过降低磁场调制幅度，可以分辨相互叠加的信号。

5.2.3.4 磁场调制频率

磁场调制频率是（modulation frequency）主控制箱里产生的调制磁场的振荡频率。一般的实验测试不需改变调制频率，直接使用默认设置（即 100 kHz）。

5.2.3.5 时间常数

时间常数（time constant），也可称为响应时间，表示在该电路输入端瞬间输入一个信号时，输出端输出的信号达到输入信号的 63% 时所需要的时间。它是用来压制噪声的，但设置过大时会导致谱形失真、畸变。为了避免记录的 EPR 波谱畸变和基线噪声过大，扫场速度和时间常数要耦合得当。一般要求扫场速度和时间常数的乘积远小于 1。时间常数一般在 40~80 ms 范围内。在最新的光谱仪中，时间常数不再使用，因为数字滤波器已经取代了以前的容量滤波器。

5.2.3.6 转换时间

转换时间（conversion time）是模数转换器（ADC）每个通道的信号采集持续时间。该参数与磁场扫描时间（sweep time）有关，扫描时间是 ADC 通道数与转换时间的乘积。

5.2.3.7 扫描时间

记录一个 EPR 信号,通过峰-峰线宽所需的时间至少比信号通道接收机低通滤波器的时间大 10 倍,则失真可以忽略不计。最小场扫描时间 ST 可以由选定的场扫描宽度 SW、时间常数 TC 以及辐射信号分量的峰-峰线宽度 ΔH_{pp} 来确定。扫描时间越长,信噪比越高。

$$ST[\text{s}] = TC[\text{ms}] \times SW[\text{mT}] / \Delta H_{pp} \quad (5.2.3)$$

5.2.3.8 频谱累积次数 (number of X-scans)

磁场扫描 N 次后,对累积信号进行平均,可降低来自高频(白)噪声的信噪比和频谱基线漂移(低频噪声)。扫描次数的选择可以独立于其他频谱参数。扫描累积次数越多,则扫描所需要的总时间越长。扫描时间越长和累加次数越多,谱图就越平滑,清晰度就越高。

5.2.3.9 样品位置

样品应在相同的样品管内测量,样品管由石英玻璃制成,通常内径在 3~5 mm 之间。石英玻璃顺磁杂质较少。为了获得最佳的测量再现性,样品管在微波谐振器中的位置需要固定。可通过从谐振器底部安装的基座棒或样品管上的安装夹,实现样品管在谐振器中的重复插入深度。为了获得最大的 EPR 信号强度,样品管在谐振腔中的插入深度应使样品中心与谐振腔中心重合。

5.2.3.10 EPR 信号强度与样品质量的关系

EPR 信号强度随样品质量非线性增加,因此 EPR 信号强度应按质量归一化。如果样品体积不超过谐振器的工作体积,质量归一化可以线性近似(除以样品质量),线性偏差约小于 6%。对于标准 X 波段谐振器,工作体积通常位于谐振器的中心,且沿垂直方向从中心延伸约 ±5 mm。如果所有测量都使用近似相同的样品质量,如牙釉质(100±10)mg,则线性质量归一化是合适的。为确定 EPR 信号强度和样品质量之间的线性或非线性关系,应测量一个辐射(>1 Gy)的样品,逐步增加样品质量来观察信号强度的变化。

5.2.3.11 标准样品的使用

用标准样品作为磁场标记和测量 EPR 波谱仪灵敏度的监视器,以校正所测 EPR 信号的磁场位置和强度。如果将标准样品放置在腔内,并与被测样品同时测量,则称为内标准样品。在研究样品之前/之后,外部标准样品应在谐振腔内的相同位置进行测量。标准样品用于校正波谱仪日复一日的灵敏度变化。测量标准样品的频率取决于波谱仪的稳定性和外部环境。

5.2.3.12 重复测量次数

单晶样品的各向异性在 EPR 测量中可能导致结果的不确定性。为了降低这种不确定性,可以采取多次测量并求平均值的方法。具体而言,通过晃动样品或转动样品管至不同角度进行测量,可以有效减少各向异性的影响。

以牙釉质的测量为例,通常的做法是对样品共进行三次测量,每次测量时将样品管转动 120° 以覆盖三个互相垂直的方向。最终,通过计算这三个测量结果的平均值来获得更为准确的数据。对于接近 1 mm 的大颗粒样品,由于其尺寸较大,可能需要进行更多次的重复测量,以便更有效地平均信号的各向异性,提高测量结果的可靠性。

5.2.3.13 本底信号

盛放样品的容器宜采用石英材质的毛细管、外径 2~5 mm 的圆柱管、扁平池等。一般地,石英材质没有本底信号,只有在烧结密封时才会引入杂质信号。相比之下,普通玻璃制成的毛细管、试管等容器,因含有 Fe_2O_3、Fe_3O_4 等各种金属杂质而会产生无用信号。因此,在每次实验之初,都必须检测仪器的本底信号和空白对照样品的基本信号,防止污染等发生。

5.3　辐射信号定量及剂量估算方法

EPR 剂量学是一种研究电离辐射在物质中引发反应的方法，原理见图 5.3.1。目前应用的辐射信号定量方法主要有三种：数学模拟法、谱减法和选择性饱和法。

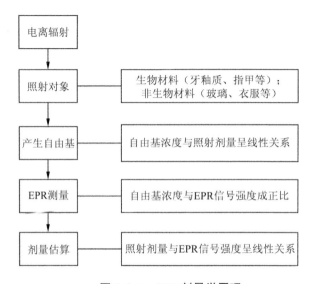

图 5.3.1　EPR 剂量学原理

5.3.1　数学模拟法

简单来说，数学模拟法就是一种对无用信号和辐射信号进行数学模拟来拟合样品 EPR 谱的方法。无用信号包括样品本底信号和其他非辐射造成的信号（如指甲的剪切信号）。提取未受辐射样品和高剂量样品（如 10 Gy 的牙釉质）EPR 谱的线型、位置、强度、线宽等信息，得到无用信号基底和辐射信号基底。接下来，利用这两个基底对未知照射剂量的样品波谱进行拟合，从而提取辐射信号。这种数学模拟法的关键在于利用已知基底信息拟合未知波谱，从中提取出辐射信号。

5.3.2 谱减法

通过从辐照样品的光谱中减去未受辐射参考样品的 EPR 谱，可以得到辐射信号的强度。未受辐射参考样品的 EPR 谱可以是同源样品谱，也可以是同种类多样品的平均谱。需要注意的是，获取平均谱的过程需要对每个样品谱进行质量归一化处理，以减少样品质量差异带来的不确定度。

5.3.3 选择性饱和法

选择性饱和法基于以下原理：在一定的微波功率水平以上，辐射信号的强度随微波功率单调增加，而无用信号的强度趋于饱和。为了消除无用信号，我们将在两个微波功率水平上记录的光谱相减。选择的微波功率需要大于无用信号的饱和功率。通过这一过程，我们能够获得辐射信号的强度。这种方法充分利用了不同信号在微波功率水平上的响应差异，从而实现了对辐射信号的有选择性的测量。

5.3.4 剂量估算方法

基于实验的具体需求和实际情况，可以灵活地选择适当的辐射信号定量分析方法。在多种方法中，谱减法因其简便性而成为最常采用的手段。而对于需要识别更低剂量辐射信号的场合，数学模拟法则展现出其独特的优势。

一旦测定了辐射信号的强度，接下来的步骤是通过剂量-效应曲线进行深入分析，以估算样品的受照剂量。剂量-效应曲线的建立过程包括以下步骤：

(1）对若干个已知照射剂量的样品（至少 5 个）进行 EPR 测量，去除无关信号后，提取辐射信号的强度。

(2）利用得到的辐射信号强度数据，与对应的照射剂量数据建立线性回归模型，形成剂量-效应曲线。该曲线体现了辐射信号强度与照射剂量之间的线性关系，为评估未知剂量样品提供了重要的参考基准。

此外，累加照射剂量法也是一种常用的剂量估算技术。具体操作为：

(1）对待测样品进行若干不同剂量的累加照射。

(2）每次照射后，获取 EPR 谱图，并从中扣除样品的标准本底信号。

(3）根据累加剂量与 EPR 信号强度的数据，构建剂量-EPR 信号强度响应曲线。

(4）响应曲线与剂量轴的交点即为待测样品的实际照射剂量。

5.4 EPR 剂量估算方法的应用研究

电离辐射在不同物质中引发的自由基种类和数量表现出显著的多样性。物质材料作为剂量计的适用性，主要取决于其对辐射的敏感性和信号的稳定性。在特定的环境条件下，固体物质中的自由基可能受到局部微结构束缚，从而能够在较长时间内保持相对稳定。鉴于此，用 EPR 技术直接检测固体中由辐射诱导产生的自由基，成为首选的分析方法。在 EPR 剂量学的研究领域，对材料的选择尤为关键。国际上，已有大量研究聚焦于探索各种材料的适用性，包括但不限于固体生物组织（如指甲、头发和牙齿等）以及个人生活物品（如糖、塑料、玻璃和织物等）。

5.4.1 钙化组织

人体牙齿和骨骼等钙化组织的主要无机成分为羟基磷灰石，化学式 $Ca_{10}(PO_4)_6(OH)_2$，该化合物在辐射作用下产生的自由基可用于 EPR 剂量测定。在人体中，牙釉质作为矿化程度最高的组织，其羟基磷灰石的含量约为 97%，而骨骼中的相应含量则约为 70%。电离辐射后，羟基磷灰石主要产生稳定的自由基 CO_2^-。牙釉质中的辐射诱导信号可维持长达 10^7 年，而骨骼中的信号寿命可能因骨重塑而缩短，这使得牙釉质在辐射特性上优于骨骼。

牙釉质的离体 EPR 检测探测下限位于 20~300 mGy 的范围内，而骨骼的探测下限则为几戈瑞。人类钙化组织的 X 波段 EPR 剂量测定是一种可靠但有创的技术方法，它需要通过拔牙或骨活检来获取样本，这限制了其应用范围。为克服这一难题，研究人员已经开始探索牙釉质在体测量方法。

这种测量使用较低微波频率（L 波段）的 EPR 设备进行，允许对整个牙齿的体积或部分牙齿的面积进行非破坏性原位测量。然而，与 X 波段相比，L 波段 EPR 波谱仪在应用中面临一些挑战：首先，低频下的 EPR 信号展宽导致频谱分辨率降低；其次，在非拔牙情况下难以建立剂量-效应曲线。据文献报道，牙釉质在体测量的最小可检测剂量为 1 Gy，不确定度约为 0.5 Gy，但这一结果仅在最理想的操作条件下才有望实现。实际的检测下限可能更高，大约为几戈瑞，且不确定性较大。尽管有研究者尝试改进 X 波段 EPR 波谱仪来实现在体测量，但牙齿表面的水分增加了仪器的介电损耗，导致其检测效果不如 L 波段 EPR 波谱仪。

针对难以获取人类牙齿样本的问题，一种替代方案是使用动物牙齿来估算人类的辐射剂量。相较于人类牙齿，动物牙齿的收集更为便利。通过比较动物牙齿与人类牙齿的 EPR 辐射敏感性，可以推算出人类可能吸收的剂量。目前，已经对多种动物，包括牛、大鼠、小鼠、狗、猪、恒河猴、山羊、鹿、海象、野牛、北极狐、驼鹿和北极熊等，进行了 EPR 剂量学研究。

5.4.2 富含角蛋白的组织

5.4.2.1 指(趾)甲

根据前文所述,人体钙化组织中 X 波段的离体检测方法目前仍然是最可靠的。然而,样本通常只能在医学程序(如拔牙或截肢)中获得,这限制了该方法在核或辐射突发事件现场的应用。相比之下,指(趾)甲作为一种生物材料更易获取,因此被视为核应急回顾性剂量测定的潜在理想材料。

在人体中,指(趾)甲不仅硬度较高,还具有一定的柔韧性和渗透性,由大约 25 层死亡的角质细胞构成,含 7%~12% 的水分。手指甲的厚度介于 0.25~0.6 mm 之间,平均月生长长度约为 3.5 mm,通常需要 3~6 个月才能完全再生;而脚趾甲的厚度可达到 1.3 mm,生长速率大约是手指甲的一半,需要 12~18 个月才能完全再生。实际的生长速率受多种因素影响,包括年龄、性别、季节、身体活动水平、饮食习惯以及遗传因素等。指(趾)甲的主要成分是 α-角蛋白,由三条长 α-螺旋肽链组成,形成左旋卷曲结构,并通过二硫键桥(S—S)加强。

在进行指(趾)甲的 EPR 剂量测定时,通常采用经过剪切处理的指(趾)甲样本。然而,这一过程面临若干挑战:

(1)指(趾)甲自身的本底信号可能会掩盖或扭曲辐射诱导的信号,使得辐射信号难以辨认。

(2)剪切过程可能产生一个复杂且强烈的 EPR 信号,即所谓的机械信号,它与辐射信号相似,增加了信号解析的复杂性。

(3)辐射引起的 EPR 信号具有复杂多变的特性,与其他来源的 EPR 信号混合,展现出复杂的衰减和再生模式,这些模式受到多种因素的影响,包括水合作用、氧气浓度和干燥条件。

在低剂量(小于 2 Gy)区域,指(趾)甲中的 EPR 信号极为复杂,准确的剂量估算十分困难,所以指(趾)甲更适用于较高剂量(>10 Gy)的生物剂量测定。与牙釉质的情况相似,一些学者尝试进行手指的在体测量,但面临包括校准和再现性问题在内的多方面困难,且灵敏度相对较低,最小可检测剂量约为数十戈瑞。

5.4.2.2 头发

与指(趾)甲相似,头发也是由 α-角蛋白构成的生物材料。此外,头发中还含有黑色素,这是一种无定形、不溶性、异质的深色生物聚合物。黑色素含有内聚的半醌类自由基,当通过 EPR 波谱仪检测时,这些自由基会产生本底信号,该信号可能会掩盖低至几十戈瑞剂量的辐射诱导信号。随着头发颜色的加深,黑色素含量的增加会导致本底信号相应增强。

辐射诱导的 EPR 信号强度会随时间呈指数衰减,衰减常数与头发颜色有关。在 5~50 Gy 的剂量范围内,头发样本的剂量-效应曲线通常表现为线性,而在接近 300 Gy 时趋于饱和。对于低于 50 Gy 的剂量,照射后 120 h 内,辐射信号的损失可能达到约 95%。低温保存可以有效延长 EPR 信号的衰减时间。例如,将样本保存在液氮(77 K)中几乎可以使辐射诱导的自由基衰减停止。至于头发中水分含量对 EPR 信号的影响,目前尚未有明确的研究结果。此外,由于黑色素对紫外线敏感,因此在辐射剂量测量中,使用未暴露于阳光的体毛可能比头发更为适宜。

综合考虑上述因素,尽管头发具有一定的研究价值,但其作为剂量计的适用性可能远不如指(趾)甲。

5.4.3 糖

糖,因由辐射诱导的自由基较稳定、无本底信号,以及在较大剂量范围内的线性剂量-效应特性,被视为 EPR 高剂量学研究的理想材料。此外,鉴于糖在人类日常生活中的广泛分布,其在常规剂量测量及偶然情况下的应用均显示出极大的便利性。

糖类家族成员包括单糖（如葡萄糖、半乳糖和果糖）以及双糖（如蔗糖、乳糖和麦芽糖）。它们不仅以结晶态存在，也普遍存在于糖果、甜点乃至药品包装中。关于不同糖类的 EPR 剂量学特性的比较研究显示，在 0.44~160 kGy 的剂量范围内，蔗糖是进行 EPR 剂量测定的最优选择。在辐射灵敏度方面，蔗糖和果糖表现较为突出，而葡萄糖则相对较低。

辐照后的糖可以保存一段时间而不会遭受显著的辐射信号损失。不同种类的糖在不同储存条件下的时间依赖性表现各异。例如，蔗糖在室温下，储存于黑暗的石英管中长达 6 年，其辐射诱导的信号衰减不超过 6%；储存在塑封塑料袋中的蔗糖，信号衰减约为 25%。相较之下，葡萄糖的信号即使在储存 11 个月后，仍表现出明显的时间依赖性。

5.4.4 玻璃

在日常生活中，玻璃的应用极为广泛，包括窗户、手表盖和手机屏幕等。玻璃的主要化学成分是二氧化硅，属于矿物学上的石英族。为满足商业需求，玻璃中常掺入少量金属等物质，以赋予其不同的颜色和特性。玻璃不是晶体，而是以玻璃态存在的。在常温下，玻璃态的显著特点是短程有序而长程无序：在原子尺度上，原子以有序的方式排列，表现出晶体的特性；但当观察尺度扩大时，原子排列变得无序，类似于液体的状态。

大多数玻璃制品的 EPR 谱图中展现出一个复杂的、稳定的宽本底信号，该信号与辐照后产生的辐射诱导信号发生重叠。这种本底信号可能源于玻璃生产过程中引入的杂质或金属，亦有推测认为它可能与紫外线照射的累积效应有关。辐射诱导的 EPR 信号可能源自石英家族中的 E′ 中心，E′ 中心被认为是 Si-O 键断裂而产生的空穴型 EPR 中心。此外，也有研究者将玻璃的辐射信号归因于交换耦合的 Fe^{3+} 离子对。在进行 EPR 测量之前，通常需要将玻璃样品研磨至特定的粒度。在该过程中是否会产生额外信号，不同研究者有不同的结论。

随着照射剂量的增加，玻璃中观察到的辐射诱导的 EPR 信号相应增强。该方法的探测下限约为 5 Gy。不同种类的玻璃因其独特的化学组成而展现出不同的 EPR 信号曲线。玻璃中掺杂的不同成分会导致自旋哈密顿参量（包括 g 因子和超精细结构常数 A）的微小变化，这些变化可归因于顺磁离子配位场的畸变或玻璃网络结构的变化。

此外，紫外线照射也能在玻璃中产生与辐射诱导信号相似的 EPR 信号，并且可能会引起已存在的辐射信号衰减。这一现象进一步增加了玻璃辐射剂量测定的复杂性，需要在实验设计和数据分析时予以考虑。玻璃的另一个特性是，通过退火处理可以恢复其本底 EPR 信号。例如，将辐照后的玻璃在 200 ℃下加热 1 h，可以使得辐射信号完全衰减，仅留下本底信号。从分子结构角度来看，加热处理提供了一定时间，可使玻璃内部的缺陷（如自由基、电子、空穴等）从"冻结状态"中逐渐松弛并重新结合，从而消除了辐射信号。

5.4.5 塑料

塑料是一系列合成或半合成的有机非晶固体材料的总称，它们在日常生活用品中有着广泛的应用，包括手机、信用卡、纽扣、手表、眼镜等。塑料易于加工，可以方便地切割成小块，且通常无须进行特殊的化学处理。EPR 技术有时用于调控塑料的性质或研究由电离辐射诱导的接枝聚合反应，这些研究通常在极高的辐射剂量下进行。

在辐射事故的剂量范围内，已经对多种含有塑料材料的物体进行了研究，包括聚氯乙烯（PVC）地板、聚乙烯（PE）袋、信用卡、手机、眼镜、手表以及塑料纽扣等。塑料纽扣（主要由聚酯构成）在辐照后的 EPR 谱中显示出单一线条，与本底信号类似。而其他类型的塑料，如聚甲基丙烯酸甲酯（PMMA）、聚碳酸酯（PC）、烯丙基二甘醇碳酸酯（CR-39）等，在辐照后的 EPR 谱中则展现出多样化和更为复杂的特征。

大多数塑料显示出非线性的剂量-效应关系。

在文献报道中，塑料的辐射敏感性存在较大差异，最低检出下限从 0.02 Gy 到几个戈瑞不等。塑料在室温下辐射信号随时间衰减，在大约 20~30 h 内损失可达约 50%。若在室温下存放 5~7 d，辐射诱导信号将难以与本底信号区分。然而，低温储存可以有效减缓信号的衰减过程，在 −30 ℃ 的条件下，信号衰减几乎可以忽略不计。

5.4.6 衣物

棉花作为一种广泛使用的纤维材料，在服装制作中占据重要地位。它具有纯净的多糖链结构，由结晶区域和无定形多孔区域组成。棉花的结晶区由数千个 β-葡萄糖分子构成的纤维素核组成。鉴于棉花在日常生活中的普遍性，研究人员探索了棉花的剂量学特性。通过测量与身体不同部位接触的衣物样本，全身剂量分布图可被绘制出来。在 $10 \sim 10^4$ Gy（γ 射线）的剂量范围内，棉花表现出线性的剂量-效应关系（在低剂量区域可能会出现非线性现象）。棉花的辐射信号受到多种因素的影响，包括太阳光暴露、洗涤剂残留、水分含量、灰尘和油脂等。

除了棉花，羊毛也是一种在保暖服装中流行的纤维材料。羊毛纤维具有独特的微观结构，包括鳞片层和皮质层。电离辐射可在聚合物主链上产生不同的 α-碳自由基。羊毛的 EPR 研究主要集中在产品性能改善方面。在干燥的羊毛样品中，辐射后的 EPR 信号表现为单线态，且信号强度相对较弱。羊毛的本底信号是多组分的，其中较窄的中心信号可能归属于色素分子。羊毛纤维表面形成的自由基通常是短寿命的，而皮质层形成的自由基则更为稳定。

相较于牙釉质、骨骼、指甲等生物材料，棉花和羊毛的剂量学特性研究较少，这主要是因为它们的结构复杂性和化学多样性增加了相关研究的难度。

5.5　EPR 剂量估算策略及研究进展

本章深入探讨了 EPR 技术在辐射剂量估算中的应用，系统地分析了其理论和实践。首先，本章以简洁明了的方式介绍了 EPR 的理论基础，旨在加深读者对这项技术核心原理的认识。接着，详细讨论了与 EPR 测量相关的设备和操作流程，并特别强调了在实际操作中确保数据准确性和可靠性的重要性。在对辐射信号的定量分析和剂量估算进行讨论时，本章提供了 EPR 剂量估算的基础知识，并构建了一个系统性的框架。此外，本章还专门讨论了 EPR 技术在实际应用中的多样性，通过比较不同材料的优势和挑战，帮助读者全面理解 EPR 剂量估算的广泛应用潜力。由于篇幅限制，本章未能包含所有适用于 EPR 剂量学研究的材料，但所提供的信息足以为读者开启探索这一领域的大门。

EPR 剂量估算在核与辐射事故的应急响应中扮演着重要角色，与物理剂量估算和生物剂量估算形成互补。为了实现 EPR 剂量估算，必须根据事故现场的具体情况，迅速采集一种或多种材料样本，并尽快送至实验室进行 EPR 分析，以避免辐射信号的衰减。在样本运输过程中，应避免使用 X 射线检查，以防止对样本造成不必要的额外辐射。结合实际情况选择最合适的剂量估算方法，可以为放射损伤人员的临床治疗提供重要的补充剂量信息。

随着科技的不断进步，EPR 剂量估算的研究也在不断发展，主要体现在以下几个关键领域。

（1）技术优化：持续的技术改进包括提升信号探测的灵敏度和优化数据处理技术。

（2）新材料的探索：为了扩大 EPR 剂量估算的应用范围，研究人员正在探索具有更高灵敏度和稳定性的新型敏感材料，如特定的陶瓷和合成石英。

（3）现场应用的拓展：随着 EPR 技术的成熟，其在现场辐射事故中的应用越来越广泛，包括在核事故后对个体进行剂量评估，以及在辐射防护中实施实时监控。这推动了 EPR 设备向更便携、操作更简便和响应更快速的方向发展。

（4）定量精确度的提高：确保剂量估算的准确性和可重复性是研究的核心。目前，通过采用多参数模型和机器学习算法，分析的精确性和预测能力正在不断被提升。

综上所述，EPR 剂量估算策略及其研究进展为辐射防护和事故后健康评估提供了宝贵的工具。未来的研究将继续提升这一技术的实用性和准确性，以更好地服务于辐射剂量评估领域，为辐射安全和事故应急响应提供更强的支持。

第6章 核应急剂量学实践

6.1 概述

辐射剂量的估算是开展一系列救治过程的基础，决定了临床救治方法以及判断预后情况。若在核与辐射事故中发生过量照射，要引起足够的重视，如果受照人员带有个人剂量计，可以直接读取剂量数据；如果受照人员没有佩戴个人剂量计，就要估算剂量。要根据受照时间、地点，受照人员所处的体位、姿势、与放射源的距离、停留时间、受照方式，放射源或射线装置的种类和强度，有无屏蔽和防护措施等因素进行初步估算。在初步估算剂量时，除进行物理剂量估算外，还要观察受照人员的临床变化以及精神状态，询问有无恶心、呕吐、腹泻及其出现的时间、持续的时间和严重程度等。特别要注意受照人员的皮肤变化，如是否有无红斑和温度改变等，这些临床症状和体征都会为初步估算受照剂量提供依据。

受照人员的早期症状和血象变化是判断病情的重要依据。一般情况下，如受照剂量小于 0.1 Gy，受照人员无症状，血象基本在正常范围内波动；如受照剂量大于 0.1 Gy，受照人员一般也没有症状，白细胞计数的变化不明显，淋巴细胞计数可有暂时性的下降；如受照剂量大于 0.25 Gy，受照人员中约有 2% 有临床症状，白细胞、淋巴细胞计数略有下降；如受照剂量大于 0.5 Gy，受照人员中约有 5% 有临床症状，白细胞、淋巴细胞和血小板计数轻度减少；如受照剂量大于 1.0 Gy，受照人员多数有临床症状，白细胞、淋巴细胞和血小板计数明显减少。血象变化和受照剂量的大小有着明显的关系，对早期临床诊断和处理有着积极意义，因此对过量照射人员进行处置时要注意留取血液样品。

对过量照射人员，临床上采取合理、有效的早期处理方案对放射性损伤的恢复和预后有着非常重要的作用。早期处理的判断有赖于尽可能正确的剂量估算，因此要收集尽可能多的样品用于个人剂量估算，这对临床诊断和治疗非常重要。

目前，已在临床上得到应用的生物剂量计包括细胞遗传学范畴的染色体畸变、淋巴细胞微核及早熟染色体凝集，以及分子生物学范畴的体细胞基因突变等。在既往核与辐射事故中，运用 dic+r 估算的生物剂量与事故受照人员的临床诊断完全一致。细胞遗传指标在生物剂量估算领域虽具有剂量估算准确，剂量响应范围宽、响应时间长和受吸烟、年龄、性别等混杂因素影响小等优点，但由于细胞培养需 48~72 h，不能更早期（2 d 内）对受照人员进行临床分类诊断。因此，剂量估算需要结合临床症状、物理剂量估算、生物剂量估算等进一步修正以指导临床救治。

6.2 辐射事故剂量估算实例一

6.2.1 生物剂量估算

事故中受照人员为王某，对王某的生物剂量估算采用外周血淋巴细胞双着丝粒染色体+环状染色体（dic+r）畸变分析、胞质分裂阻断微核

（CBMN）分析、核质桥+融合+马蹄靴+环（NPB+FHC）分析，并选用文献公开报道或其他实验室提供的使用^{60}Co γ射线建立的7条剂量-效应曲线方程，详见表6.2.1。其中，Y_1为每百细胞dic+r数，$Y_2 \sim Y_4$为每细胞dic+r数，$Y_5 \sim Y_6$为每细胞微核数，Y_7为每细胞NPB+FHC数，D为吸收剂量（Gy）。使用CABAS（version 2.0）软件进行剂量估算及dic+r泊松分布u检验。

表6.2.1 估算事故受照人员王某的生物剂量使用的剂量-效应曲线方程

剂量-效应曲线方程	分析计数	剂量率/(Gy/min)	剂量范围/Gy
$Y_1 = 5.33D^2 + 7.56D - 3.36$	每百细胞dic+r数	0.32	0.25~5.0
$Y_2 = 0.069\ 49D^2 + 0.034\ 98D$	每细胞dic+r数	1.0	0.5~5.0
$Y_3 = 0.064\ 2D^2 + 0.022\ 3D$	每细胞dic+r数	0.5	0.1~5.0
$Y_4 = 0.080\ 398D^2 + 0.034\ 037D + 0.007\ 351\ 2$	每细胞dic+r数	1.0	0.25~5.0
$Y_5 = 0.057D^2 + 0.019D + 0.017$	每细胞微核数	0.5	0.12~4.0
$Y_6 = 0.016\ 7D^2 + 0.093\ 1D$	每细胞微核数	1.0	0~6.0
$Y_7 = 0.000\ 02D^2 + 0.027\ 2D$	每细胞NPB+FHC数	1.0	0~6.0

注：Y_3剂量-效应曲线方程由中国辐射防护研究院段志凯博士惠赠，Y_6、Y_7剂量-效应曲线方程由中国疾病预防控制中心辐射防护与核安全医学所刘青杰博士惠赠。

6.2.1.1 *dic+r*畸变分析及剂量估算

1. 不同剂量-效应曲线方程的估算结果

受照后第5天，王某的染色体*dic+r*畸变为0.18±0.01/细胞。使用不同实验室、不同剂量率（0.32~1 Gy/min）染色体畸变剂量-效应曲线方程估算的一次全身等效吸收剂量结果列于表6.2.2。不同剂量-效应曲线方程估算剂量结果较为一致，均与轻度骨髓型急性放射病的临床诊断相符合。

表 6.2.2　事故受照人员王某 dic+r 畸变分析结果及估算的全身等效剂量

剂量-效应曲线方程	分析细胞数/个	dic+r/个	每细胞 dic+r 数 ($p \pm Sp$)/个	估算剂量/Gy	95%CI/Gy
Y_1	1 410	253	0.18±0.01	1.41	1.31~1.51
Y_2	1 410	253	0.18±0.01	1.37	1.28~1.48
Y_3	1 410	253	0.18±0.01	1.51	1.40~1.61
Y_4	1 410	253	0.18±0.01	1.27	1.40~1.61

2. 不纯泊松分布法估算剂量

将王某受照后 5 d 的 dic+r 分布和剂量-效应曲线方程 Y_3 的各项回归系数输入 CABAS（version 2.0）软件，进行不纯泊松分布法剂量估算，结果列于表 6.2.3。可见，$u = 14.81 > |1.96|$，$\sigma^2/y = 1.56 > 1.00$，dic+r 不符合泊松分布，为过离散分布，属于局部不均匀照射。按照软件默认的 D_0 取值为 2.7 Gy 时，估算的王某身体受照份额为 60%，平均剂量为 2.62 Gy。

表 6.2.3　使用不纯泊松分布法估算事故受照人员王某的剂量结果

剂量-效应曲线方程	dic+r 分布								估算剂量/Gy	受照份额/%	u 值	σ^2/y	泊松分布
	0	1	2	3	4	5	6	7					
Y_3	1 211	163	30	0	2	3	0	1	2.62	60	14.81	1.56	否

3. 受照后不同时间染色体 dic+r 畸变分析及剂量估算

受照后 5 d、40 d、280 d，每细胞 dic+r 数分别为 0.179±0.011、0.088±0.008、0.055±0.006（表 6.2.4），与受照后 5 d 相比，每细胞 dic+r 数呈进行性下降，每细胞 dic+r 数的半衰期为 40 d，40 d 之内每细胞 dic+r 数衰变较快，40 d 之后衰变速度变缓。受照后 40 d 和 280 d 的每细胞 dic+r 数分别下降 51%、69%，估算剂量分别下降 34% 和 49%。

表 6.2.4　事故受照人员王某受照后不同时间 dic+r 畸变分析结果及剂量估算

受照后采血时间/d	分析细胞数/个	dic+r/个	每细胞 dic+r 数 ($p±Sp$)/个	估算剂量*均值	95%CI/Gy
5	1 410	253	0.179±0.011	1.51	1.4～1.61
40	1 309	115	0.088±0.008	1.0	0.90～1.12
280	1 587	87	0.055±0.006	0.77	0.67～0.87

注：* 剂量估算方程为 $Y_3 = 0.064\ 2D^2 + 0.022\ 3D$。

6.2.1.2　CBMN 分析结果及估算剂量

1. 不同剂量-效应曲线方程的估算结果

王某受照后第 5 天，两家实验室观察到的每细胞微核数分别为 0.17±0.01 和 0.16±0.007，估算的剂量分别为 1.47 Gy 和 1.41 Gy，结果详见表 6.2.5，均与轻度骨髓型急性放射病的临床诊断相符合。

表 6.2.5　事故受照人员王某 CBMN 分析结果及剂量估算

剂量-效应曲线方程	分析细胞数/个	微核数/个	每细胞微核数 ($p±Sp$)/个	估算剂量/Gy	95%CI/Gy
Y_5	1 316	223	0.17±0.01	1.47	1.36～1.60
Y_6*	3 000	492	0.16±0.007	1.41	1.30～1.51

注：* 中国疾病预防控制中心辐射防护与核安全医学所刘青杰提供。

2. 受照后不同时间 CBMN 分析结果及估算剂量

与受照后 5 d 相比，受照后 40 d、280 d 每细胞微核数呈进行性下降，40 d 之内每细胞微核数衰变较快，40 d 之后衰变速度变缓。受照后 40 d 和 280 d 的每细胞微核数分别为 0.066±0.005 和 0.029±0.003，降幅分别为 61% 和 83%。根据每细胞微核数估算的剂量分别从受照后 5 d 的 1.47 Gy 下降为 0.77 Gy 和 0.31 Gy，降幅达 48%、79%。结果详见表 6.2.6。

表 6.2.6 事故受照人员王某受照后不同时间 CBMN 分析结果及剂量估算

受照后采血时间/d	分析细胞数/个	微核数/个	每细胞微核数($p\pm Sp$)/个	估算剂量*/Gy	95%CI/Gy
5	1 316	223	0.169±0.011	1.47	1.36~1.60
40	3 009	199	0.066±0.005	0.77	0.69~0.86
280	3 031	87	0.029±0.003	0.31	0.20~0.43

注：* 估算剂量方程为 $Y_5 = 0.057D^2 + 0.019D + 0.017$。

6.2.1.3 NPB+FHC 分析结果及估算剂量

1. Y_7 剂量-效应曲线方程估算结果

图 6.2.1 为王某的 NPB、FHC 细胞改变。王某受照后 5 d，NPB+FHC 分析结果及估算的一次全身等效吸收剂量见表 6.2.7。根据 NPB+FHC 分析估算结果进行的临床分度与 dic+r 畸变分析及 CBMN 分析相同，符合轻度骨髓型急性放射病的临床诊断。

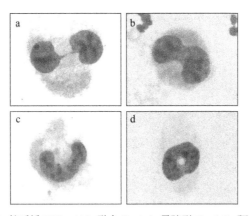

(a) 核质桥 NPB；(b) 融合 F；(c) 马蹄形 H；(d) 环 C。

图 6.2.1 事故受照人员王某 NPB、FHC 细胞改变

表 6.2.7　事故受照人员王某 NPB+FHC 分析结果及剂量估算

剂量-效应曲线方程	分析细胞数/个	NPB+FHC/个	每细胞 NPB+FHC 数（$p\pm Sp$）/个	估算剂量/Gy	95%CI/Gy
Y_7*	2 000	71	0.035 5±0.004 2	1.30	1.00~1.60

注：* 中国疾病预防控制中心辐射防护与核安全医学所刘青杰提供。

2. 受照后不同时间 NPB+FHC 分析结果及估算剂量

王某受照后 5 d 每细胞 NPB+FHC 数为 0.036±0.004，受照后 40 d 为 0.019±0.003，280 d 为 0.009±0.002（表 6.2.8）。受照后 5 d 与受照后 40 d、280 d 相比，每细胞 NPB+FHC 数呈进行性下降，降幅达 47% 和 75%。每细胞 NPB+FHC 数估算的剂量分别从受照后 5 d 的 1.30 Gy 下降为 0.68 Gy 和 0.33 Gy，降幅为 48% 和 75%。每细胞 NPB+FHC 数 40 d 之内衰变较快，40 d 之后衰变速度变缓。

表 6.2.8　事故受照人员王某在受照后不同时间 NPB+FHC 分析结果及剂量估算

受照后采血时间/d	分析细胞数/个	NPB+FHC/个	每细胞 NPB+FHC 数（$p\pm Sp$）/个	估算剂量*/Gy	95%CI/Gy
5	2 000	71	0.036±0.004	1.30	1.00~1.60
40	2 000	37	0.019±0.003	0.68	0.48~0.94
280	2 000	18	0.009±0.002	0.33	0.20~0.52

注：* 估算剂量方程为 $Y_7 = 0.000\ 02D^2 + 0.027\ 2D$。

6.2.1.4　小结

1. 不同实验室建立的剂量-效应曲线方程的差异主要来自样本制备、分析标准等环节

此次生物剂量估算使用的 $Y_1 \sim Y_7$ 剂量-效应曲线方程虽然各不相同，但均不影响临床分度。根据染色体 dic+r 畸变分析是生物剂量估算的金标准，以及高估受照剂量的临床后果好于低估的原则，最终报告的临床剂量估算结果为：王某受到的照射为急性局部不均匀照射，身体受照份额为

60%，全身等效剂量相当于一次急性全身均匀受照 1.51 Gy（95%CI 为 1.40~1.61 Gy）。该估算结果与轻度骨髓型急性放射病的临床诊断相符。

在局部或高度不均匀照射时，生物剂量估算给出全身等效剂量的表达方式虽然很不确切，但数据显示，与急性局部不均匀照射染色体畸变分析给出的一次全身等效剂量相比，使用染色体畸变不纯泊松分布法估算的受照份额及剂量与临床实际更加符合，更具有临床指导意义。因此，在某些情景下，对于急性局部不均匀照射的案例，可以采用急性均匀照射的剂量-效应曲线进行全身等效受照剂量的估算。Prasanna 等也认为在非均匀照射的情况下，估算的全身等效剂量可以考虑用于快速分类。对于局部皮肤受照剂量则可以根据皮肤早期改变来进行估算，而不是使用染色体畸变分析、CBMN 分析来进行剂量估算。

对王某的生物剂量估算结果显示，外周血淋巴细胞染色体 dic+r 畸变分析、CBMN 分析、NPB+FHC 分析均能有效估算急性外照射受照剂量，并且估算值相近，可以加强和相互验证估算的准确性。

2. dic+r、CBMN、NPB+FHC 联合分析

受照后 5 d，dic+r 畸变分析、CBMN 分析、NPB+FHC 分析三种方法估算的剂量均与王某的轻度骨髓型急性放射病的临床诊断相符。三种生物剂量估算指标在体内均呈进行性下降，与受照后 5 d 相比，三项指标 40 d 估算的剂量相对偏差都超过 20%，已不能准确反映该患者的实际受照剂量。

既往研究认为，对于急性全身均匀照射的染色体 dic+r 生物剂量估算，事故后应尽早取血，最好在 48 h 之内，最迟不要超过 60 d。由于例数过少，对于急性局部不均匀照射的采血时间限值，还有待更多案例的观察。

本例 NPB+FHC 的体内衰减速率与微核相似，比染色体 dic+r 畸变的衰减速率大。受照后 40 d CBMN、NPB+FHC 分析都已经不能准确估算实际受照剂量。与 dic+r 畸变分析和 CBMN 分析相比，NPB+FHC 分析在检测指标体内衰减速率上未显示出优越性。受照后 280 d，dic+r 畸变率虽已

不能准确反映实际受照剂量，但却依然远高于正常本底值，提示曾经受到过量照射。因此，无论是急性受照后的剂量估算，还是既往受照史的追溯，染色体畸变分析仍然为首选。

6.2.2 物理剂量估算

6.2.2.1 可能受照人员物理剂量初步估算

人员受照剂量估算采用《辐射应急期间评价和响应的通用程序》(IAEA-TECDOC-1162)推荐的方法和相关的参数。

计算公式：

$$E_{ext}=\frac{A \cdot CF_6 \cdot T_e(0.5)^{\frac{d}{d_{1/2}}}}{X^2} \quad (6.2.1)$$

$$D=\frac{A \cdot CF_7(0.5)^{\frac{d}{d_{1/2}}}}{X^2} \quad (6.2.2)$$

各参数的含义与取值详见表 6.2.9。

表 6.2.9 各计算参数的含义与取值

参数	含义（单位）	取值方法
E_{ext}	有效剂量（mSv）	—
D	剂量率（mGy/h）	—
A	源的活度（kBq）	由衰变公式计算
T_e	受照时间（h）	据调查确定
CF_6	转换因子 [(mSv/h)/(kBq)]	查 IAEA-TECDOC-1162 表 E1
CF_7	转换因子 [(mSv/h)/(kBq)]	查 IAEA-TECDOC-1162 表 E2
X	距源的距离（m）	据调查确定
$d_{1/2}$	半值层厚度（cm）	查 IAEA-TECDOC-1162 及防护手册等
d	屏蔽厚度	据调查确定

受照人员剂量及影响见表 6.2.10。

表 6.2.10 受照人员剂量及影响

受照人员	受照剂量估算值	受照后果
王某（捡拾放射源者）	局部剂量（右大腿 150 Gy，手部 14.3 Gy）； 全身剂量约为 2.5 Sv（主要考虑性腺、膀胱、红骨髓、皮肤等组织器官）	右腿红肿、溃疡；右手轻微红肿、未灼伤溃疡，密切观察
王妻	手部剂量：160 mGy； 全身剂量：270 mSv	血液指标基本正常，无临床症状
第一个捡源工人 A_1	手部剂量：0.8 Gy； 全身剂量：8.3 mSv	无临床症状
室友	全身剂量：13 mSv	无临床症状
车间工人 $A_1 \sim A_{40}$	全身剂量：0.07~6.25 mSv	无临床症状
修路工 $B_1 \sim B_{20}$	全身剂量：0.78~3.13 mSv	无临床症状
王某家人及房客共 6 人	全身剂量：25~37.5 mSv	无临床症状
王某父母及妹	全身剂量：0.09~1.22 mSv	无临床症状
房客 $C_1 \sim C_{11}$	最大受照剂量：≤6.4 mSv	无临床症状
修路工 $D_1 \sim D_{11}$	最大受照剂量：≤0.42 mSv	无临床症状

人员受照剂量估算的原则：a. 重点关注近距离（50 m 范围内）和较长时间（超过 10 min）接触或接近放射源的人员；b. 采取保守估计，在收集相关信息时主要通过相关人员的回忆，故而时间、距离、体位等剂量估算所需的相关参数可能存在较大的误差，尽可能采用最大的可能受照剂量来估算。本次事故共造成 80 多人受到照射，其中，受照剂量最大者是捡拾放射源的王某，由于其接触时间最长，距离最短，放射源位于右上衣口袋，且因工作时有站立和下蹲两种方式，以局部照射为主，右侧大腿出现两处红肿区域，腿部局部剂量大，约达 150 Gy（一般超过 25 Gy 即可引起溃疡），皮肤放射性烧伤明显，但全身剂量不大，约为 2.5 Sv，不会有生命危险；其次是王某的妻子，受照主要发生在转移放射源的过程中以及放射源在其家中存放时，由长时间接近放射源所致，估算的受照剂量

约为 270 mGy，远超过现行防护基本标准中公众年剂量限值（≤1 mSv），但没有明显的临床症状；其余受照人员的剂量均小于40 mGy，不会造成放射性损伤。由于物理剂量模拟估算存在较大的不确定度，诊断需要结合生物剂量估算和患者的临床表现来进一步修正。

6.2.2.2 受照人员王某物理剂量估算

在此次事故中，王某全身受到不均匀外照射，且右侧大腿部局部皮肤受照严重。考虑到复杂的受照状况，仅应用简单的解析公式估算剂量未必能得到令人满意的结果。这种情况下，将蒙特卡罗模拟技术和人体理论模型（体模）相结合是一个恰当的选择。本部分由苏州大学放射医学与防护学院完成建模及剂量估算。对于体模，基于简单几何的早期参考人体模型现今看来过于简化。而最新的混合体模，虽然代表了人体体模未来的发展方向，但其复杂性制约了在快速剂量估算方面的应用。因此，本研究使用体素体模和蒙特卡罗模拟相结合的方法来进行剂量估算。

1. 估算条件

（1）放射源相关参数：

该枚放射源于 2013 年 12 月 13 日购入，当时活度 3.77×10^{12} Bq。事发时间为 2014 年 5 月 7 日，间隔 145 d，结合 ^{192}Ir 物理半衰期 73.827 d（ICRP 107），参照放射性活度的指数衰减规律，可算得事发时 ^{192}Ir 活度为 9.664×10^{8} Bq。放射源呈链状，放射性物质分布于直径 0.7 cm、长度 1.5 cm 的小圆柱体内。

（2）受照对象和受照方式：

事故受照人员性别为男，身高约 160 cm，体重约 49 kg，年纪约 58 岁。捡拾放射源后留置于工作服的右口袋，受照时长约 3.25 h。

2. 估算方法

（1）估算模型：

出于快速估算的目的，采用体素数目和分辨率适中的简单几何模型，此次估算采用的体素体模是具有东南亚人特点的成年男性模型 KTMAN-2。该体模包括 29 个不同的组织和器官，体素总数为 300×150×344＝15 480 000，每个体素分辨率为 2 mm×2 mm×5 mm。考虑颅骨、脑、胸、腹、四肢、性腺和局部皮肤，估算结果应无数量级差异；人体模型示意图及特征见图 6.2.2。

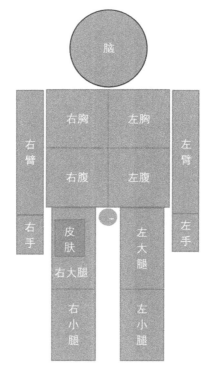

图 6.2.2　人体模型示意图

模型建立完毕后，其身高为 160 cm，整体质量为 49.264 kg，上身体长（含头部）60 cm，腿长 100 cm，基本与人员相关参数一致。

（2）蒙特卡罗模拟相关参数：

基于 Geant4-10.0 软件包，物理过程为低能 Penelope Physics，光子和

电子输运能量截止值为 1 keV。蒙特卡罗模拟使用的材料包括皮质骨、软组织、脑、睾丸与空气，材料成分数据来自 ICRU 44。^{192}Ir 能谱为平均每次衰变发射 2.168 个光子，平均 γ 能量为 372.2 keV（ICRP 107）。模拟时采用足够的粒子数，以保证蒙特卡罗计算统计的不确定性小于 1%。

（3）假定和近似：

在初步估算阶段假定人员按图 6.2.2 所示站立姿势接受照射，未考虑人员行走、蹲、卧姿态；躯干分为四块，主要考虑快速获取每块所含脏器的平均剂量水平；局部皮肤考虑为右大腿最接近源处的皮肤，形状为曲面，面积选取 10 cm×10 cm，厚度 2 mm；性腺考虑为 2 cm 直径的球体。

3. 估算结果

（1）全身模型模拟结果：

根据体素模型，结合 ^{192}Ir 源项模型特点以及照射条件，模拟得出全身各组织和器官的吸收剂量，详细数值列于表 6.2.11。

表 6.2.11　王某全身各组织和器官吸收剂量模拟结果

器官/组织	剂量/Gy	器官/组织	剂量/Gy
甲状腺	0.03	骨表面	1.73
结肠	0.52	肾上腺	0.12
肺	0.07	肾脏	0.22
胃	0.10	脾脏	0.06
睾丸	9.16	前列腺	9.16
膀胱	3.12	胰腺	0.14
肝脏	0.17	小肠	0.38
肌肉	2.73	眼晶状体	0.03

注：全身平均剂量数值根据 GBZ/T 151—2002《放射事故个人外照射剂量估算原则》计算。

(2) 皮肤（局部）模型模拟结果：

0.5~2 500 Gy 的等剂量曲线图如图 6.2.3 所示，算得右腿皮肤最大剂量值约为 4 100 Gy，左腿皮肤最大剂量值约为 32 Gy。

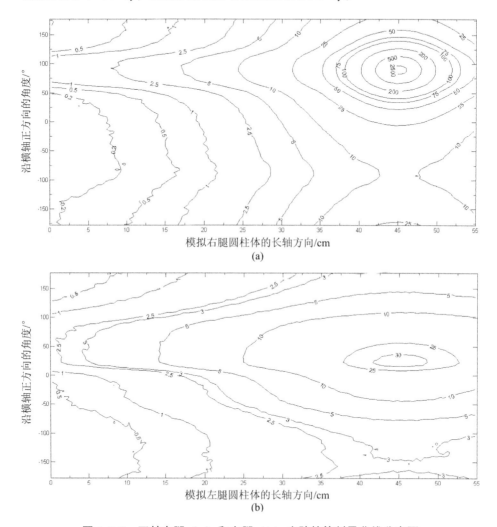

图 6.2.3　王某右腿（a）和左腿（b）皮肤的等剂量曲线分布图

6.3 辐射事故剂量估算实例二

该实例为一起钴源意外照射事故。由于违规使用已经退役的钴源室照射中药粉末，钴源在降落时被层层码放的麻袋卡住未能落入井内，而操作者误以为放射源已安全降落，遂由 1 名工作人员带领 4 名搬运工进入辐照室，将麻袋进行翻袋倒货。在搬运过程中工作人员 A 始终站在距离源心最近处向运输车上装放麻袋，其余 4 人不断进出搬运货物。在搬运大约 15 min 时，其中 1 名工人发现提源的钢丝绳紧绷（源安全降落后绳子应松弛），并看到绳子上放射源所处工作状态的明显标记，随即手动操作将源降落井中，并大声呼喊其余 4 人跑出钴源室。在受照后 30 min，5 人先后出现频繁的恶心呕吐，并不同程度伴有头痛、口渴、头颈及前胸部皮肤潮红、腮腺肿胀、球结膜充血等典型放射病初期表现，其中 A 和 B 还伴有发热及腹泻等症状。5 人随即被送往中国辐射防护研究院附属医院进行救治。由于伤情较重，在对症处理后，用"120"急救车将 5 人于次日凌晨全部转送至解放军 307 医院全力抢救。除受照者 A 因剂量过大于受照后 62 d 死于外照射肠型急性放射病外，其余 4 人全部救治成功。

6.3.1 染色体畸变分析估算剂量

分别于受照后 16 h 采集了 5 名受照者的外周血、24 h 采集了受照者 A 和 B 的骨髓标本，进行染色体培养。根据初期物理剂量报告结果，考虑到病例 A 和 B 的受照剂量可能较大，由此会造成细胞周期阻断和分裂延迟，为了争取在最短时间内获得结果，又保证有足够的分析细胞。因此将血样分别培养 52 h、62 h 和 72 h 分批收获，对病例 A 和 B 的骨髓细胞培养 72 h 收获，常规法制片。陈英教授等用其实验室首次报道的 6~22 Gy 大剂量-效应曲线（$Y=-2.269+0.776D-0.007\,868D^2$）对病例 A 进行了剂量估算,其他 4 例均用该实验室早先建立的 5 Gy 剂量-效应曲线 ($Y = 0.034\,98D + 0.069\,49D^2$) 估算生物剂量。结果显示 5 例受照者的生物剂量估算结果与临床诊断基本相符。尽管受照者 B 和 E 的平均剂量值略低于重度和中度骨髓型急性放射病水平,但 95% 置信区间已基本达到该水平,属于允许误差范围。但早期给出的热释光剂量与临床诊断和生物剂量存在较大误差,特别是受照者 B 的热释光剂量达到 10 Gy 以上,一度曾导致临床的过度紧张。而从染色体畸变分析结果以及临床表现综合判断,其损伤远没有达到极重度骨髓型急性放射病及以上的程度。分析造成剂量误差的原因可能与受照者佩戴个人剂量计的部位曾经受过短暂的高剂量照射有关,而生物剂量反映的则是全身均匀受照的真实剂量。

泊松分布 u 检验:对 5 例患者每细胞 dic+r 畸变的泊松分布 u 检验结果显示,u 值在 $-0.53 \sim 0.78$ 之间,均小于 $|1.96|$,σ^2/y 在 $0.97 \sim 1.09$ 之间,均接近 1,dic+r 符合泊松分布。这些受照人员受到均匀的全身照射。

6.3.2　CBMN 分析估算剂量

于受照后 16 h 采集 5 名受照人员的外周血,23 h、24 h 采集受照人员 A 骨髓和外周血标本,并于受照后 1 年内不同时间点采集其他 4 例受照人员的外周血,分别进行 CBMN 分析估算剂量。采用蒋本荣等基于 6 MV X 射线(吸收剂量率 2.4 Gy/min)照射离体人血建立的微核剂量-效应回归方程:$Y = 0.135\,31D + 0.016\,58D^2$。式中,$Y$ 为微核率,D 为吸收剂量(Gy),适用剂量范围为 $0.5 \sim 10.0$ Gy。根据初期物理剂量报告结果,A 的受照剂量超出了微核剂量-效应回归方程所能估计的剂量,为此他们通过 ^{60}Co γ 射线大剂量($0 \sim 30$ Gy,吸收剂量率 2.35 Gy/min)照射来自 1 名健康男性的离体血,获得可反映淋巴细胞增殖程度的核分裂指数(NDI),利用 CBMN 与 NDI 分析相结合确定 A 的受照剂量范围。结果表明,CBMN+NDI 对 A 估算的剂量范围为 $10 \sim 20$ Gy。以微核率对其余 4 例受照人员估算的剂量分别为 3.6 Gy、2.9 Gy、2.3 Gy 和 2.9 Gy。该结果与染色体畸变分析及物理模拟估算的剂量接近，与临床表现基本相符。在随后的随访中发现，受照后 31 d 除受照人员 B 的微核率变化不明显外，其他几例受照者的微核率均明显下降，受照后 60 d 所有受照人员的微核率均明显下降。以上说明 CBMN 分析可以快速、准确地估算生物剂量，与染色体畸变分析结合使用可相互补充和验证，但微核估算剂量越早越好，最迟不要超过 4 周。

6.3.3　PCC-R 分析估算剂量

于受照后 16 h 采集 5 名受照人员的外周血，23 h 采集受照人员 A 骨髓和外周血标本，于受照后 31 d 采集其他 4 名受照人员的外周血，分别进行 PCC-R 分析估算剂量。采用姚波等基于 ^{60}Co γ 射线（吸收剂量率 2.35 Gy/min）照射离体人血建立的 PCC-R 剂量-效应回归方程：$Y = -0.02 + 0.052D$。式中，Y 为每细胞 PCC-R 数，D 为吸收剂量（Gy），适用剂量范围为 1～20.0 Gy。结果显示，受照后 16 h 基于 PCC-R 指标估算的 5 例受照人员的平均吸收剂量分别为 12.4 Gy、3.6 Gy、3.2 Gy、1.7 Gy 和 1.5 Gy。前 3 名受照人员估算的剂量与 dic+r 估算的剂量十分接近，与临床表现基本相符；而对受到较低剂量照射的后 2 名受照人员的估算剂量不够准确，均低于染色体畸变估算剂量。这说明 PCC-R 方法更适用于超大剂量辐射事故情况下的生物剂量估算，以弥补常规染色体畸变分析的不足。然而，用于诱导 PCC-R 的药物（OA 或 CA）价格比较昂贵且不易获取，因此该方法不适用于日常生物剂量估算及大量受照或可疑照射人群的分类筛选。受照后 31 d，PCC-R 率已明显下降，估算的 4 名受照人员的平均吸收剂量分别为 2.0 Gy、1.3 Gy、0.8 Gy 及 1.0 Gy，明显低于受照后 16 h 的剂量，提示用 PCC-R 方法估算剂量越早越好，最迟不要超过 4 周。

6.4 EPR 剂量估算实例

6.4.1 事故简介

事故于 2008 年 3 月 23 日发生在突尼斯的拉德斯市。在一次放射照相过程中，放射照相相机的 ^{192}Ir 源（2.96 TBq）被阻挡在喷射管中。其中一名操纵者在断开喷射管后发现了含有源的支架，但没有发现它是放射性源。根据他的证词，他操作源的时间约为 10 min，主要是用左手。5 月 2 日，受害者被转移至医院接受治疗。5 月 5 日，用生物剂量测定法估计其全身剂量为 0.25 Gy（0.1~0.46 Gy），这与事故数值重建得到的 0.28 Gy 全身剂量估计一致。患者双手出现红斑，感觉温热，持续 2 周，随后出现严重皮肤损伤（潮湿脱屑）。左手拇指、食指和中指的指甲脱落，将其收集并保存在低温下（-32 ℃）。2009 年，受照人员辐射暴露最多的手指（左手食指和中指）的第一节指骨肢体坏死，需要手术切除远端指骨。

事故中患者的左手食指和中指的指甲在照射 2 个月后全部脱落，其他指甲从每个指甲边缘剪掉。1 年后取左手食指和中指骨标本（记为 G_2 和 G_3）。G_2 和 G_3 的骨样品质量分别为 43 mg 和 20 mg。骨分析是在手术后的几天内使用 X 波段 EPR 波谱仪测量的，而指甲分析是在 2010 年 1 月（大约在事故 2 年后）使用 Q 波段 EPR 波谱仪测量的。

6.4.2 样品制备

收集事故中患者的左手食指和中指脱落的指甲，其他指甲则从手指边缘剪掉。所有指甲做适当剪切操作，以适应外径为 3 mm 的测试管。在测量前，样品在蒸馏水中冲洗 10 min，然后在真空干燥器中干燥 15 h。指甲样品的质量在 2~5 mg 之间。

手指骨使用超声浴在蒸馏水中清洗，总时间小于 30 min。可用的全部骨样本均用于进行剂量估算。

6.4.3 EPR 测量

指甲测量条件：Q 波段 Bruker EMX plus 波谱仪，振幅调制为 0.3 mT，扫描宽度为 20 mT。微波功率为 1.23 mW，扫描时间为 2.58 s，时间常数为 10.24 ms，总扫描次数为 20~50 次。

骨测量条件：X 波段 Bruker EMX plus 波谱仪，振幅调制为 0.3 mT，扫描宽度为 12 mT。微波功率设置为 6 mW，扫描时间为 41.94 s，时间常数为 40.96 ms，总扫描次数为 20~50 次。

6.4.3.1 辐照

用 ^{60}Co γ 射线（能量均值为 1.25 MeV）辐照器对所有样品进行照射，以空气比释动能计，剂量率为 1.2 Gy/min，电子平衡条件下，总不确定度为 3%（$k=1$）。

6.4.3.2 剂量估算过程

骨骼中的剂量使用累加照射剂量法估算，指甲则使用剂量饱和法。剂量饱和法的原理是：稳定的辐射诱导自由基信号的剂量响应会出现饱和现象，一旦达到饱和照射剂量，EPR 信号幅值就会下降。这也意味着有两个剂量值对应一个给定的 EPR 信号幅值。如果信号幅值随附加照射剂量而减弱，则样品中吸收的剂量高于剂量饱和值。该方法不是基于 EPR 振幅和剂量之间的经典关系（剂量-效应曲线），而是基于确定的饱和 EPR 信号对应的剂量值。对于同一个人，可假设所有指甲的饱和剂量值是相同的。因此，对于在事故中照射过的指甲，其饱和效应发生的剂量值比未照射过的指甲低。饱和剂量（辐射暴露样品和非辐射暴露样品）的两个值之差即为事故中样品的受照剂量。

6.4.3.3 结果

骨吸收剂量估计为 38.1 Gy±1.7 Gy，G_2 活检组为 36.1 Gy，G_3 为 1.5 Gy。考虑到组织中的衰减和骨到组织的转换因子，皮肤剂量估计左手食指为 42.6 Gy±1.9 Gy，中指为 40.4 Gy±1.7 Gy。

6.5 其他个案

其他个案情况见表 6.5.1

表 6.5.1 其他个案情况

姓名	病史情况	估算生物剂量/Gy	95%CI/Gy
付某	患者自 2019 年 3 月起从事工业探伤工作，2019 年 8 月 24 日上午 10:00 至下午 15:30 在工地工作，放射源因机器故障脱落至铅导管中，直至工作结束时才发现放射源脱落。操作过程中，患者双手轮换拿探伤机头，内装有 ^{192}Ir 源，总共接触 74 次，总接触时间约为 25 min。事故中 ^{192}Ir 源活度为 59 Ci。患者自 9 月 7 日起感到双手拇指、食指、中指皮肤发红，伴刺痒感，无头晕、恶心、乏力等不适，后红肿范围扩大，9 月 9 日患者双手食指、拇指、中指出现水疱，周围红肿，伴有疼痛及麻木感，手指活动度差，后水疱范围不断扩大，双手拇指渗液，可见双手拇指均有直径约 3 cm 的水疱，周边见红肿，有少量渗液，双手食指有长约 5 cm 水疱，右手食指肿胀较左手明显，伴疼痛，右手中指及无名指轻度肿胀，其余手指可见红斑、色素沉着，双手掌有脱皮、色素沉着。	0.76	0.60~0.92

续表

姓名	病史情况	估算生物剂量/Gy	95%Cl/Gy
陈某	患者 2020 年 11 月 22 日凌晨 0:00 至凌晨 4:30 工作期间，因意外操作出现放射源卡源，放射源未回收，导致右侧下腹部与探伤机接触，探伤机内装有 ^{192}Ir 源，总接触时间约为 4 h，自述当天下班后未再接触放射源。事故中 ^{192}Ir 源活度为 32 Ci。患者当日凌晨 4:00 出现恶心、干呕等不适；6:00 呕吐一次，余无明显不适。患者受照 1 周后出现腹部右下侧皮肤发红，轻度压痛，无头晕、恶心、乏力等不适，至当地医院就诊后予查血常规未见明显异常，予重组牛碱性成纤维细胞生长因子凝胶局部涂抹，未见明显好转；后皮肤红肿范围扩大，伴少量渗液、结痂。患者后至某三甲医院门诊就诊，可见右侧下腹部一约 4 cm×6 cm 创面，创面红肿伴少量渗出，周围可见皮肤色素沉着。	0.38	0.26~0.52
韩某	患者 2017 年开始从事工业探伤工作，2022 年 6 月 5 日夜间 23:00 开始工作，其间报警器没电不知情，6 月 6 日凌晨 4:00 下班发现放射源脱钩，然后离开并告知公司。当时无明显不适。6 日早晨吃早饭时呕吐一次，之后未再出现恶心、呕吐等。10 日开始感左手拇指及食指疼痛，12 日开始出现局部肿胀，左手中指及右手食指、拇指也开始出现疼痛、肿胀，17 日至某市第一人民医院就诊，行血常规检查提示白细胞计数正常，未做治疗。21 日至某诊所输液，23 日至社区医院输注青霉素，右手拇指、食指开始蜕皮。后至县医院就诊行左手食指及拇指水疱切开减压，口服罗红霉素抗感染治疗及止痛化瘀对症治疗。	0.81	0.70~0.94

续表

姓名	病史情况	估算生物剂量/Gy	95%CI/Gy
苏某	患者2022年3月开始从事工业探伤工作，2022年6月22日夜间23:00开始工作，约24:00手持曝光头摄片时发现报警器响，放射源脱钩，立即扔掉曝光头离开，左手持曝光头约20 s，放射源为^{192}Ir源，当时放射源活度为58 Ci。受照后无恶心、呕吐、脱发等不适，受照后第二天开始出现红斑，第三天开始感到疼痛，第四天出现水疱，之后自行破溃，至当地医院查血常规白细胞计数正常，予以头孢他啶抗感染治疗，无明显好转。	0.50	0.37~0.65
黄某	患者2017年3月开始从事工业探伤工作，工作时间为22:00至凌晨4:00。平时接受放射防护、操作等培训，已取得放射性工作证。2022年11月9日夜间22:30开始工作，报警器损坏，个人剂量计未带。患者工作期间因个人疏忽，将放射源放在前导管中，11月10日凌晨4:00下班发现放射源未收回源盒，请同事来查找原因，其同事报警器报警，遂发现放射源仍在前导管中未收回。患者发现其工作顺序颠倒，在放射源工作时进入曝光区手持曝光头摆片，放射源收回源盒时退回安全区。放射源为^{192}Ir源，当时活度为75 Ci。患者当时无明显不适，第二天继续工作。16日发现双手皮肤粗糙、麻木，无明显疼痛，18日双手皮肤发红、逐渐开始肿胀，伴有疼痛感，暂停工作。	0.49	0.37~0.62

参考文献

[1] International Atomic Energy Agency. Cytogenetic dosimetry: applications in preparedness for and response to radiation emergencies [R]. Vienna: IAEA, 2011.

[2] 中华人民共和国卫生部. 染色体畸变估算生物剂量方法: GB/T 28236—2011 [S]. 北京: 中国标准出版社, 2011.

[3] 苏旭, 张良安. 实用辐射防护与剂量学 [M]. 北京: 中国原子能出版社, 2013.

[4] 戴宏, 刘玉龙, 冯骏超, 等. 双着丝粒染色体自动分析生物剂量估算研究 [J]. 中华放射医学与防护杂志, 2017, 37 (3): 182-186.

[5] 孙亮, 李士骏. 电离辐射剂量学基础 [M]. 北京: 中国原子能出版社, 2014.

[6] 中华人民共和国国家卫生和计划生育委员会. 职业性外照射急性放射病诊断: GBZ 104—2017 [S]. 北京: 中国标准出版社, 2017.

[7] 中华人民共和国国家卫生健康委员会. 职业性放射性皮肤疾病诊断: GBZ 106—2020 [S]. 北京: 中国标准出版社, 2020.

[8] 中华人民共和国卫生部. 内照射放射病诊断标准: GBZ 96—2011 [S]. 北京: 中国标准出版社, 2011.

[9] 傅宝华,吕玉民,赵凤玲,等. 河南"4.26"^{60}Co 源辐射事故患者早期分类诊断及医学处理[J]. 中华放射医学与防护杂志,2001,21(3):165-167.

[10] 蒋本荣,王桂林,黄士敏,等. 两例急性放射病患者血液学改变的特点[J]. 中华放射医学与防护杂志,1990,10(1):23-27.

[11] 艾辉胜,余长林,乔建辉,等. 山东济宁^{60}Co 辐射事故受照人员的临床救治[J]. 中华放射医学与防护杂志,2007,27(1):1-5.

[12] 李美颖,张瑶珍,张东华,等. 武汉"921113"放射事故四例急性放射病人的临床报告[J]. 中华放射医学与防护杂志,1998,18(4):230-234.

[13] 中华人民共和国国家卫生和计划生育委员会. 职业性放射性性腺疾病诊断:GBZ 107—2015[S]. 北京:中国标准出版社,2015.

[14] Department of Homeland Security Working Group on Radiological Dispersal Device (RDD) Preparedness. Medical treatment of radiological casualties [R]. Washington DC: Department of Homeland Security, 2003: 21-28.

[15] BARANOV A E, GUSKOVA A K. Acute radiation sickness in Chernobyl accident victims [M]//RICKS P C, FRY S A (eds). The medical basis for radiation accident preparedness Ⅱ, clinical experience and follow-up since 1979. New York: Elsevier, 1990: 79-88.

[16] 叶根耀. 国内外辐射事故的临床诊治新进展[J]. 中华放射医学与防护杂志,2004,24(1):81-84.

[17] 刘长安,孙全富,李小娟,等. γ 源放射事故受照者呕吐开始时间与全身剂量关系[J]. 中华放射医学与防护杂志,2005,25(5):409-411.

[18] 商洁,韦应靖,崔伟,等. 国内常用直读式 X、γ 个人剂量仪

的性能测试与评价[J]. 中国辐射卫生, 2016, 25(1): 88-92.

[19] 郭勇. 光子外照射事故后物理剂量测量方法[J]. 辐射防护, 1988(z1): 348-355.

[20] 陈灿, 邵建文, 许照乾, 等. 个人剂量仪的现状与发展[J]. 中国科技纵横, 2015(2): 193-194.

[21] 张建峰, 李则书, 拓飞. 人体内放射性核素直接测量方法研究[J]. 中国辐射卫生, 2017, 26(5): 554-556.

[22] APOSTOAEI A L, KOCHER D C. Radiation doses to skin from dermal contamination[J]. Landolt-Börnstein-Group Ⅲ Condensed Matter, 2010.

[23] 周程, 崔扬, 沈乐园. OSL剂量计在辐射防护监测中的应用[J]. 辐射防护, 2009, 29(1): 55-59.

[24] 俞顺飞, 程金生, 李开宝, 等. 胶片剂量计[J]. 中国辐射卫生, 2008, 17(2): 244-245.

[25] 王煜, 崔宪, 冷瑞平. 电子个人剂量计的进展及其在实际使用中应注意的问题[J]. 辐射防护通讯, 2010, 30(2): 1-13.

[26] 王继先, 金璀珍, 白玉书, 等. 放射生物剂量学[M]. 北京: 原子能出版社, 1997.

[27] 中华人民共和国国家卫生和计划生育委员会. 放射工作人员职业健康检查外周血淋巴细胞染色体畸变检测与评价: GBZ/T 248—2014[S]. 北京: 中国标准出版社, 2014.

[28] DEPERAS J, SZLUINSKA M, DEPERAS-KAMINSKA M, et al. CABAS: a freely available PC program for fitting calibration curves in chromosome aberration dosimetry[J]. Radiat Prot Dosim, 2007, 124(2): 115-123.

[29] HAN L, GAO Y, WANG P, et al. Cytogenetic biodosimetry for

radiation accidents in China [J]. Radiat Med Prot, 2020, 1 (3): 133-139.

[30] VAURIJOUX A, GRUEL G, POUZOULET F, et al. Strategy for population triage based on dicentric analysis [J]. Radiat Res, 2009, 171 (5): 541-548.

[31] 韩林, 陆雪, 李杰, 等. 双着丝粒染色体半自动与人工分析估算生物剂量的比较研究 [J]. 中华放射医学与防护杂志, 2020, 40 (11): 826-831.

[32] 韩林, 张冰洁, 王平, 等. 一起介入治疗意外照射导致背部大面积放射性皮肤损伤患者的生物剂量估算 [J]. 中华放射医学与防护杂志, 2021, 41 (12): 886-891.

[33] 中华人民共和国国家卫生健康委员会. 放射工作人员职业健康检查外周血淋巴细胞微核检测方法与受照剂量估算标准: GBZ/T 328—2023 [S]. 北京: 中国标准出版社, 2023.

[34] 中华人民共和国国家卫生健康委员会. 辐射生物剂量估算 早熟染色体凝集环分析法: WS/T 615—2018 [S]. 北京: 中国标准出版社, 2018.

[35] 赵保路. 电子自旋共振技术在生物和医学中的应用 [M]. 合肥: 中国科学技术大学出版社, 2009.

[36] 苏吉虎, 杜江峰. 电子顺磁共振波谱: 原理与应用 [M]. 北京: 科学出版社, 2022.

[37] IAEA. Use of electron paramagnetic resonance dosimetry with tooth enamel for retrospective dose assessment [S]. Vienna: IAEA, 2002.

[38] ISO. Radiological protection: Minimum criteria for electron paramagnetic resonance (EPR) spectroscopy for retrospective dosimetry of ionizing radiation [S]. Geneva: ISO, 2020.

[39] HARSHMAN A, JOHNSON T. A brief review: EPR dosimetry and

the use of animal teeth as dosimeters [J]. Health Phys, 2018, 115 (5): 600-607.

[40] MARCINIAK A, CIESIELSKI B. EPR dosimetry in nails: a review, applied spectroscopy reviews [J]. Applied Spectroscopy Reviews, 2016, 51 (1): 73-92.

[41] SYMONS M, CHANDRA H, WYATT J L. Electron paramagnetic resonance spectra of irradiated fingernails: a possible measure of accidental exposure [J]. Radiat Prot Dosimetry, 1995, 58 (1): 11-15.

[42] KARAKIROVA Y, YORDANOV N D. Time dependence of the EPR and optical spectra of irradiated crystal sugar [J]. Radiat Phys Chem, 2020, 168: 108569.

[43] YORDANOV N D, GEORGIEVA E. EPR and UV spectral study of gamma-irradiated white and burned sugar, fructose and glucose [J]. Spectrochim Acta A Mol Biomol Spectrosc, 2004, 60 (6): 1307-1314.

[44] LIU Y L, HUO M H, RUAN S, et al. EPR dosimetric properties of different window glasses [J]. Nuclear Instruments and Methods in Physics Research Section B: Beam Interactions with Materials and Atoms, 2019, 443: 5-14.

[45] TROMPIER F, BASSINET C, WIESER A, et al. Radiation-induced signals analysed by EPR spectrometry applied to fortuitous dosimetry [J]. Ann 1st Super Sanita, 2009, 45 (3): 287-296.

[46] 刘玉连. 窗玻璃电子顺磁共振辐射特性的研究 [D]. 北京: 中国医学科学院北京协和医学院, 2019.

[47] 苏燎原, 刘芬菊. 医学放射生物学基础 [M]. 北京: 中国原子能出版社, 2013.

[48] CHEONG H S J, ISHEETA S, JOINER M C, et al. Relationships

among micronuclei, nucleoplasmic bridges and nuclear buds within individual cells in the cytokinesis-block micronucleus assay [J]. Mutagenesis, 2013, 28 (4): 433-440.

[49] 戴宏, 刘玉龙, 王优优, 等. 南京"5.7"^{192}Ir 源放射事故患者的生物剂量估算 [J]. 中华放射医学与防护杂志, 2016, 36 (5): 350-354.

[50] 韩保光. 染色体畸变分析用于非均匀与局部照射剂量估计的研究进展 [J]. 国外医学·放射医学核医学分册, 1994, 18 (1): 7-10.

[51] PRASANNA P G S, MORONI M, PELLMAR T C. Triage dose assessment for partial-body exposure: dicentric analysis [J]. Health Phys, 2010, 98 (2): 244-251.

[52] 周晓剑, 周启甫, 王晓涛, 等. 南京铱-192 放射源丢失事故受照人员物理剂量初步估算 [J]. 环境与职业医学, 2014, 31 (8): 605-607.

[53] ICRP. The 2007 recommendations of the international commission on radiological protection. ICRP Publication 103 [R]. Oxford: Pergamon Press, 2007.

[54] ICRP. Adult reference computational phantoms. ICRP Publication 110 [R]. Oxford: Pergamon Press, 2009.

[55] HOSEINIAN-AZGHADI L, RAFAT-MOTAVALLI S H, MIRI-HAKIMABAD E. Development of a 9-months pregnant hybrid phantom and its internal dosimetry for thyroid agents [J]. Journal of Radiation Research, 2014, 55 (4): 730-747.

[56] 孙亮, 刘玉龙, 郭凯琳, 等. 南京"5.7"^{192}Ir 源放射事故患者早期物理剂量估算 [J]. 中华放射医学与防护杂志, 2016, 36 (5): 340-344.

[57] TROMPIER F, QUEINNEC F, BEY E, et al. EPR retrospective dosimetry with fingernails: report on first application cases [J]. Health Phys, 2014, 106 (6): 798-805.

[58] 中国核学会核应急医学分会，中华医学会放射医学与防护学分会，中华预防医学会放射卫生专业委员会，等. 双着丝粒染色体半自动化分析估算辐射生物剂量专家共识 [J]. 辐射防护，2024，44（3）：199-209.

附　录

附录 A

附表 A　放射性核素源每次衰变发射 X、γ 射线的分支比 F_γ

放射性核素	半衰期	最大能量/MeV	平均能量/MeV	F_γ
^{18}F	109.77 min	0.511 0	0.510 9	1.934 8
^{22}Na	2.608 8 a	1.274 5	0.783 4	2.798 6
^{40}K	1.28×10^9 a	1.461 0	1.343 0	0.116 1
^{59}Fe	44.503 d	1.481 7	1.140 9	1.041 6
^{60}Co	5.271 4 a	1.332 5	1.252 9	1.999 6
^{85}Si	64.84 d	0.868 1	0.320 7	1.564 1
^{99m}Tc	6.01 h	0.142 6	0.130 6	0.968 8
^{125}I	59.4 d	0.035 5	0.026 1	1.624 8
^{131}I	8.020 7 d	0.722 9	0.360 4	1.061 7
^{192}Ir	73.827 d	1.061 5	0.345 9	2.360 0

附录 B

附表 B　不同能量射线在不同介质中的衰减系数

放射性核素	铝	硅	铁	铅
^{241}Am	6.855×10^{-1}	7.083×10^{-1}	8.901	51.79
^{192}Ir	2.781×10^{-1}	2.589×10^{-1}	8.342×10^{-1}	4.040
^{137}Cs	1.998×10^{-1}	1.815×10^{-1}	5.824×10^{-1}	1.140
^{60}Co	1.480×10^{-1}	1.375×10^{-1}	4.179×10^{-1}	6.458×10^{-1}
^{241}Am	6.453×10^{-1}	1.90×10^{-1}	1.973×10^{-1}	1.952×10^{-4}
^{192}Ir	2.514×10^{-1}	1.15×10^{-1}	1.118×10^{-1}	1.37×10^{-4}
^{137}Cs	1.809×10^{-1}	8.40×10^{-1}	8.50×10^{-2}	1.00×10^{-4}
^{60}Co	1.332×10^{-1}	6.00×10^{-2}	6.30×10^{-2}	7.33×10^{-5}

附录 C

附表 C 一些放射性核素的空气比释动能率常数 Γ_K

放射性核素	Γ_K / (mGy·m²·GBq⁻¹·h⁻¹)
^{24}Na	0.434
^{42}K	3.30×10^{-2}
^{48}V	0.368
^{56}Mn	0.196
^{60}Co	0.304
^{125}I	1.65×10^{-2}
^{132}I	0.278
^{133}Ba	5.66×10^{-2}
^{140}Ba	0.293
^{134}Cs	0.205
^{137}Cs	7.69×10^{-2}
^{141}Ce	8.26×10^{-3}
^{192}Ir	0.109

附录 D

附表 D 不同能量和不同入射方式下空气比释动能到睾丸剂量的转换系数

能量/MeV	不同入射方式下的 C_{KT}（Gy/Gy）				
	前后入射/(AP)	后前入射/(PA)	侧向入射/(LAT)	转动入射/(ROT)	各向同性入射/(ISO)
0.010	0.029 2	0	0	0.007 44	0.005 59
0.015	0.195	0	0	0.057 1	0.044 6
0.020	0.503	0	0	0.160	0.138
0.030	1.093	0.041	0.023	0.381	0.337
0.040	1.506	0.160	0.105	0.593	0.516
0.050	1.767	0.308	0.198	0.763	0.661
0.080	1.953	0.565	0.339	0.946	0.815
0.100	1.855	0.599	0.372	0.934	0.792
0.400	1.303	0.705	0.480	0.781	0.712
0.500	1.265	0.726	0.503	0.779	0.717
0.600	1.238	0.743	0.527	0.780	0.725
0.800	1.202	0.765	0.572	0.789	0.742
1.000	1.177	0.782	0.607	0.799	0.757
2.000	1.119	0.831	0.703	0.848	0.799
4.000	1.071	0.864	0.776	0.895	0.843
6.000	1.043	0.874	0.807	0.916	0.868
8.000	1.023	0.880	0.822	0.930	0.883
10.000	1.004	0.884	0.833	0.940	0.893

附录 E

附表 E 光子空气比释动能到 $H_P(10)$ 转换系数

光子能量/MeV	垂直入射（0°）C_{KP}/(Sv/Gy)	相对于垂直入射的角度修正因子 $CF(\alpha)$					
		0°	15°	30°	45°	60°	75°
0.01	0.009	1.000	0.889	0.556	0.222	0.000	0.000
0.0125	0.098	1.000	0.929	0.704	0.388	0.102	0.000
0.015	0.264	1.000	0.966	0.822	0.576	0.261	0.030
0.0175	0.445	1.000	0.971	0.879	0.701	0.416	0.092
0.02	0.611	1.000	0.982	0.913	0.763	0.520	0.167
0.025	0.883	1.000	0.980	0.937	0.832	0.650	0.319
0.03	1.112	1.000	0.984	0.950	0.868	0.716	0.411
0.04	1.490	1.000	0.986	0.959	0.894	0.760	0.494
0.05	1.766	1.000	0.988	0.963	0.891	0.779	0.526
0.06	1.892	1.000	0.988	0.969	0.911	0.793	0.561
0.08	1.903	1.000	0.997	0.970	0.919	0.809	0.594
0.1	1.811	1.000	0.992	0.972	0.927	0.834	0.612
0.125	1.696	1.000	0.998	0.980	0.938	0.857	0.647
0.15	1.607	1.000	0.997	0.984	0.947	0.871	0.677
0.2	1.492	1.000	0.997	0.991	0.959	0.900	0.724
0.3	1.369	1.000	1.000	0.996	0.984	0.931	0.771
0.4	1.300	1.000	1.004	1.001	0.993	0.955	0.814
0.5	1.256	1.000	1.005	1.002	1.001	0.968	0.846
0.6	1.226	1.000	1.005	1.004	1.003	0.975	0.868
0.8	1.190	1.000	1.001	1.003	1.007	0.987	0.892
1.0	1.167	1.000	1.000	0.996	1.009	0.990	0.910
1.5	1.139	1.000	1.002	1.003	1.006	0.997	0.934
3.0	1.117	1.000	1.005	1.010	0.998	0.998	0.958
6.0	1.109	1.000	1.003	1.003	0.992	0.997	0.995
10.0	1.111	1.000	0.998	0.995	0.989	0.992	0.966

附录 F

附表 F 不同能量和前后入射方式下电子注量到器官剂量的转换系数

能量/MeV	电子注量到器官剂量的转换系数/(pGy·cm²)	
	睾丸	红骨髓
0.6	0	0
1	1	1
1.5	14	5
2	37	11
4	214	28
10	345	52

附录 G

附表 G 地面沉积核素单位表面比活度与其所致积分全身剂量的转换系数 DCF_g

放射性核素	沉积时刻的起始剂量率 A $Sv \cdot s^{-1} \cdot Bq^{-1} \cdot m^{-2}$	第一周积分剂量 B $Sv \cdot m^2 \cdot Bq^{-1}$
^{35}Zn	6.0×10^{-16}	3.7×10^{-10}
^{95}Nb	6.2×10^{-16}	3.5×10^{-10}
^{103}Ru	4.1×10^{-16}	2.3×10^{-10}
^{106}Ru	1.7×10^{-16}	1.0×10^{-10}
^{132}Te	2.4×10^{-16}	6.4×10^{-10}
^{131}I	3.6×10^{-16}	1.6×10^{-10}
^{134}Cs	1.3×10^{-16}	7.7×10^{-11}
^{137}Cs	4.7×10^{-16}	2.8×10^{-10}
^{140}Ba	1.6×10^{-16}	6.7×10^{-10}
^{144}Ce	2.2×10^{-17}	2.7×10^{-11}
^{238}Pu	1.6×10^{-19}	9.9×10^{-14}
^{241}Pu	2.1×10^{-21}	2.1×10^{-15}
^{241}Am	1.9×10^{-17}	1.1×10^{-11}
^{242}Cm	1.9×10^{-19}	1.2×10^{-13}
^{244}Cm	3.1×10^{-19}	1.8×10^{-13}

附录 H

附表 H　不同受照条件下个人剂量当量与器官吸收剂量之间的转换系数

辐射类型	^{60}Co			140 keV X 射线		
照射条件	前向入射	背向入射	各向同性	前向入射	背向入射	各向同性
肾上腺	0.53	1.38	0.84	0.43	4.06	1.80
膀胱	0.85	0.85	0.80	1.37	1.12	1.34
脑	0.82	1.23	0.93	1.27	3.11	2.17
肾	0.51	1.36	0.80	0.40	3.42	1.58
肝	0.88	1.02	0.89	1.44	2.23	2.15
乳腺	1.00	1.01	0.94	1.74	2.02	2.22
睾丸	1.02	0.87	0.91	1.80	1.14	2.04
骨髓	0.68	1.27	0.86	0.92	3.47	1.86
子宫	0.72	0.90	0.74	0.99	1.47	1.38
卵巢	0.63	1.02	0.77	0.86	3.50	1.50

附录 I

附表 I 染色体畸变分析原始记录表

单位：　　　　　　　　　　　　　　　　　　　　　　　共　页，第　页
样品编号：　　　　　　玻片号：　　　　　　显微镜号：

0	1	2	3	4	5	6	7	8	9

—dic _____ 个

—tri _____ 个

—r _____ 个

—f _____ 个

—min _____ 个

—ar _____ 个

检测人：
　　年　　月　　日

校核人：
　　年　　月　　日

附录 J

附表 J 核事故剂量估算调查表

受照者姓名：　　　　性别：　　　　体重：　　　　年龄：　　　　身高：
受照方式：外照射☐　内照射☐　混合照射☐　补充事项：
受照部位：全身☐　局部（写明受照部位）☐：
个人剂量监测数据：
环境剂量监测数据：
事故发生时间：
事故地点：
辐射类型：电子☐　光子☐　中子☐　阿尔法粒子☐　其他：
放射源类型：加速器☐　放射性核素☐　反应堆☐　其他：
放射源信息（核素种类与活度、加速器电压电流等、堆功率）：
人与源距离：
受照时间：
辐射防护（设备、设施）状况：
受照情景详细描述：
人员身体现状：